AF297584

# LES
# CHEVAUX DU SAHARA,

PAR

## LE GÉNÉRAL DAUMAS.

COMPTE RENDU

**PAR G.-A. DELARD,**

Capitaine au 11ᵉ régiment de chasseurs à cheval.

Extrait du Spectateur Militaire.

PARIS

IMPRIMERIE DE L. MARTINET,

RUE MIGNON, 2.

1853.

# LES

# CHEVAUX DU SAHARA.

Nos lecteurs se souviennent peut-être qu'il y a quelques années, dans ce même recueil, nous avons longuement plaidé une cause aujourd'hui gagnée. Nous disions que la conquête d'une nation par une autre, quels que soient d'ailleurs la puissance du peuple vainqueur et l'isolement ainsi que la faiblesse du peuple vaincu, comporte toujours et inévitablement trois phases distinctes. La première consiste dans l'envahissement et la possession armée du territoire. Elle est de beaucoup la plus prompte et la plus facile. La seconde comprend le maniement et la fusion des intérêts. Enfin la troisième, qui est en quelque sorte la consécration morale des deux premières, repose sur l'assimilation des croyances, des mœurs et des idées. Toute conquête, si ancienne qu'elle puisse être, qui ne remplit pas ces trois conditions essentielles, demeure forcément incomplète et éphémère.

L'histoire des dix premières années de notre domination en Algérie n'offre qu'une série de faits à peu près exclusivement militaires. On n'y saurait guère découvrir rien de remarquable, en dehors des diverses péripéties d'une guerre d'invasion. Pendant cette période, nos généraux donnent les plus éclatants et les plus glorieux témoignages de bravoure ainsi que de science militaire, mais le temps ou la volonté leur manque presque toujours pour étudier, organiser et conduire les populations soumises.

Lorsqu'en 1841, M. le maréchal duc d'Isly vint prendre les rênes du gouvernement algérien, il embrassa aussitôt d'un premier coup d'œil les deux horizons qui s'ouvraient devant lui, celui de la guerre et celui de la politique. Notre armée d'Afrique, composée de soldats éprouvés et pourvue de cadres excellents, lui offrait de merveilleux éléments de guerre. Sans doute, la conquête du territoire devait entraîner avec elle des dangers, de grandes privations et des fatigues excessives, mais elle n'en était pas moins certaine.

Malheureusement la politique était loin de présenter pour le choix des moyens et les garanties de succès un aspect aussi rassurant. Les éléments étaient rares, peu connus, épars dans les provinces, sans hiérarchie, sans attributions définies et d'une durée aussi incertaine que celle des commandements divers d'où ils tiraient leur origine. Le nouveau gouverneur résolut tout d'abord de les relier les uns aux autres, de les coordonner et d'en concentrer la direction, auprès de lui, dans une main aussi ferme qu'habile. Comme tous les grands capitaines, il possédait, à un très haut degré, le tact des hommes ; aussi eut-il bientôt fait choix de celui qui devait conduire, selon sa pensée, notre politique algérienne.

Parmi les officiers peu nombreux, mais distingués, qui s'étaient voués à l'étude et à la pratique des affaires arabes, le capitaine Daumas avait acquis, dans la province d'Oran, une juste renommée. Détaché à Mascara, en 1837, avec la mission apparente d'acheter des chevaux de remonte, il avait de lui-même, après la fin tragique et inexpliquée de notre consul, pris résolûment possession de notre petite chancellerie et maintenu l'honneur du pavillon. Comme récompense de cet acte d'intelligence et de courage, le général Lamoricière l'avait aussitôt confirmé dans ces fonctions si dignement conquises.

Le capitaine Daumas, à qui l'idiome algérien était déjà familier, se donna dès lors tout entier à l'étude des populations dont il était entouré. En moins de deux ans, il recueillit les renseignements les plus exacts et les plus détaillés, sur la topographie de la province, sur l'emplacement des diverses tribus, sur leur esprit, leur force, leurs ressources et leurs relations. Ce fut lui qui, le premier, en 1839, sut pénétrer les intentions hostiles d'Abd-el-Kâder, parvint à découvrir ses préparatifs secrets, et dénonça en termes aussi formels que pressants la prochaine rupture du traité de la Tafna. Dans ce danger extrême, lorsque, à peu près seul dans une ville ennemie à vingt lieues de nos avant-postes, sa vie était constamment menacée, la fermeté de son attitude ne se démentit pas un seul instant. Enfin, la veille même du jour où devait éclater la guerre sainte, il réclama audacieusement, et obtint de l'émir une escorte d'honneur qui le reconduisit, avec le cérémonial usité, jusqu'aux portes d'Oran.

Le maréchal gouverneur, trompé par des agents infidèles, avait obstinément refusé de croire à l'exactitude des rapports du capitaine Daumas ; mais à Oran, le général Lamoricière, plus confiant dans la valeur de ces informations, s'était déjà sagement tenu pour bien averti. Assailli bientôt sur plusieurs points à la fois, et tandis que la province d'Alger était ravagée dans tous les sens, il sut maintenir intacte sa ligne de défense. Un peu plus tard, prenant pour base ces renseignements généraux, ainsi que les indications journalières du capitaine Daumas, il devint à son tour agressif et commença cette série de coups de main hardis et d'expéditions heureuses qui marquèrent sa brillante campagne de 1840.

Au commencement de 1841, le commandant Daumas fut appelé à Alger près du nouveau gouverneur qui lui confia, sous son contrôle immédiat, la direction centrale des affaires arabes. Dès ce moment, la politique et la guerre se prêtant, dans leur ensemble, un mutuel appui, commencèrent à marcher parallèlement vers un même but. L'une et l'autre avaient à surmonter d'immenses obstacles, et il y eut pour chacune d'elles des alternatives constamment partagées de beaux succès et de revers passagers. Cependant, il faut bien le dire, la première allait quelquefois si vite, elle avait des inspirations si soudaines, des élans si imprévus, que sa compagne obligée ne pouvait pas toujours la suivre et se maintenir à son niveau. Aussi l'édifice de notre conquête, un peu trop hâtivement construit d'abord, fut-il à demi renversé en 1845, par une de ces convulsions violentes et inattendues qui précèdent souvent la mort des nations vaincues. Cette levée de boucliers fut, pour M. le maréchal duc d'Isly, l'occasion de nouveaux triomphes militaires, mais il y vit de plus un grand enseignement. Deux ans plus tard, notre colonie reposait dans une paix profonde, et les populations algériennes avaient reçu, par ses soins, cette belle organisation que des ébranlements partiels ne peuvent altérer ni contredire et qui forme encore aujourd'hui le meilleur et le plus solide fondement de notre puissance.

Après la révolution de février, le général Daumas a été appelé à Paris au ministère de la guerre pour y prendre la direction du service de l'Algérie. Dans cette haute position, où il serait bien difficilement remplacé, sa mission ne lui a point paru terminée; au milieu des complications formulistes de la vie ministérielle, il n'en continue pas moins, avec une infatigable activité, sa tâche laborieuse par de nouvelles et savantes recherches.

Ainsi le général a consacré quinze années, celles qui comptent, dans la vie humaine, comme les plus

belles et les plus fécondes, au maniement des hommes
et à l'appréciation exacte des choses de l'Algérie. Ce
vaste territoire n'a plus de secrets pour lui ; il en a,
pour ainsi dire, suivi tous les chemins, étudié tous
les aspects et sondé tous les horizons. Les questions
de zone, de climat et de production lui sont également
familières. Mais c'est à la connaissance approfondie
de l'élément indigène qu'il a surtout appliqué toutes
les facultés de sa belle intelligence. Les origines variées
et souvent dissemblables de ces populations primitives,
leurs différents idiomes, leurs mœurs, leurs usages et
leurs croyances, ont été pour lui un sujet continuel
d'observations patientes et raisonnées. Enfin il a étudié
avec un soin infini le personnel des nombreuses tribus,
si bien que, dans le Tell comme dans le Sahara, il
n'est pas une famille véritablement distinguée dont il
ne puisse dire le nom, ni un homme influent dont il
ne connaisse la valeur réelle.

Depuis son entrée au ministère, le général Daumas
emploie journellement de trop rares loisirs à classer
ses notes, ses souvenirs, ainsi qu'une foule de docu-
ments précieux. A mesure que ces éléments sont
coordonnés, il les groupe et les réunit ensuite en corps
d'ouvrage. C'est ainsi qu'il a publié successivement
le *Grand désert*, le *Sahara algérien*, et la *Grande
Kabylie*.

Dans ces trois œuvres, remarquables à tant de titres,
il est facile de saisir la pensée de l'auteur et le but
qu'il se propose : ce but consiste à mettre en lumière
les questions diverses qui intéressent essentiellement

notre domination, et à déterminer, d'une manière exacte, les points d'appui sur lesquels doit reposer notre puissance en Algérie. Il nous enseigne tour à tour la géographie, l'histoire, la politique, le commerce et la guerre. Personne mieux que lui, en effet, ne saurait établir et préciser les données générales de ce magnifique problème.

Dans sa nouvelle publication, le général Daumas embrasse un horizon moins vaste. Son livre *Des chevaux du Sahara* peut être en quelque sorte considéré comme un précieux corollaire de la grande démonstration à laquelle il a consacré ses trois premiers ouvrages. On voit qu'il n'écrit plus uniquement pour le savant, l'économiste, l'homme d'État, et le général d'armée. Sa pensée, moins profonde, revêt une forme moins sérieuse et moins grave. C'est toujours la même clarté d'exposition, mais les points de vue, d'une moins grande hauteur, sont aussi plus variés. Le style, sans rien perdre de son élégante simplicité, a pris un tour plus vif, plus brillant ; on retrouve, dans les descriptions, la même exactitude et la même fidélité de détails, mais le récit est plus animé, plus coloré, et souvent empreint de poésie. Il y a surtout une foule de gracieuses légendes spirituellement racontées, dont la lecture, facile et attrayante, rappelle les contes merveilleux des *Mille et une nuits*.

Le général a divisé son livre en deux parties. Dans la première, il décrit le cheval arabe et nous raconte sa vie d'intérieur. Poulain, nous le voyons jouer autour de la tente et dormir avec les enfants de son maître.

A mesure qu'il grandit, les soins se multiplient ; on veille à sa nourriture et à son pansage, et on l'entoure de toutes les précautions d'une hygiène simple, mais intelligente. On lui impose ensuite de légers fardeaux, puis, à cette première éducation de famille, succède bientôt le dressage avec son accompagnement obligé de harnachement et de ferrure. Cette première partie se termine par un exposé succinct de la médecine vétérinaire telle que les Arabes la pratiquent journellement et du caractère propre que présente chez eux l'emploi du cheval.

Dans la seconde partie, le lecteur est transporté en plein désert, au milieu des steppes immenses du Sahara. Il accompagne le cheval à la chasse et à la guerre. Il vole avec lui à travers les sables, à la poursuite de l'autruche et de la gazelle ; puis il passe successivement en revue les combats, les surprises, les vols, les rapines et les razzias de toute espèce. Enfin, l'opinion d'Abd-el-Kâder sur la question chevaline algérienne, opinion écrite pour ainsi dire sous sa dictée, sert de conclusion à la seconde partie et au livre lui-même.

# PREMIÈRE PARTIE.

## GÉNÉRALITÉS.

> A la nage, jeunes gens, à la nage !
> Les balles ne tuent pas,
> Il n'y a que la destinée qui tue.
> A la nage, jeunes gens, à la nage !
> (*Chant des Angades.*)

Laissons d'abord parler le général :

« Chez un peuple pasteur et nomade, qui rayonne
» sur de vastes pâturages, et dont la population n'est
» pas en rapport avec l'étendue de son territoire, le
» cheval est une nécessité de la vie. Avec son cheval,
» l'Arabe commerce et voyage, il surveille ses nom-
» breux troupeaux, il brille aux combats, aux noces,
» aux fêtes de ses marabouts; il fait l'amour, il fait
» la guerre, l'espace n'est plus rien pour lui. »

Et cependant l'amour de l'Arabe pour son cheval
ne tient pas seulement aux services qu'il en a reçus
ni à ceux qu'il en attend encore; cet attachement
profond repose de plus sur un fondement sacré, la
foi religieuse. Le Prophète n'a-t-il pas dit : *Les biens
de ce monde, jusqu'au jour du jugement dernier, seront
pendus aux crins qui flottent entre les deux yeux de
vos chevaux?*

Lorsqu'un Arabe prononce devant vous une grave
sentence ou cite une prophétie, soyez toujours certain
qu'il tient en réserve, comme pièce justificative,

quelque merveilleuse légende dans le genre de celle
qui suit (1) :

« Un homme pauvre, confiant dans les paroles du
» Prophète, trouva un jour une jument morte ; il lui
» coupa la tête, et l'enterra sur le seuil de sa porte,
» en disant : Je deviendrai riche, s'il plaît à Dieu.

» Cependant les jours se suivaient et les richesses
» n'arrivaient pas, mais le croyant ne douta point.

» Le sultan de son pays étant sorti pour visiter un
» lieu saint, vint à passer, par hasard, devant la mo-
» deste demeure du pauvre Arabe ; elle était située à
» l'extrémité d'une petite plaine bordée de grands
» arbres, et fécondée par un joli ruisseau. Le lieu lui
» plut ; il fit faire halte à sa brillante escorte, et mit
» pied à terre pour se reposer à l'ombre. Au moment
» où il allait donner le signal du départ, son cheval,
» qu'un esclave était chargé de surveiller, impatient
» de dévorer l'espace, se mit à hennir d'abord, à piaffer
» ensuite, et fit si bien enfin, qu'il s'échappa. Tous
» les efforts des *saïs* ( palefreniers) pour le rattraper
» furent longtemps inutiles, et l'on commençait à en
» désespérer, quand on le vit tout à coup s'arrêter de
» lui-même sur le seuil d'une vieille masure qu'il flai-
» rait en le fouillant du pied. Un Arabe, jusque-là
» spectateur impassible, s'en approcha alors sans l'ef-
» frayer, comme s'il en eût été connu, le caressa de la

(1) L'Arabe, dit-on, n'est point causeur, et cela est parfaitement
vrai ; il a le plus souverain mépris pour ce que nous sommes con-
venus d'appeler l'esprit de la conversation; mais en revanche il
est conteur passionné.

» voix et de la main, le saisit par la crinière, car sa
» bride était en mille pièces, et sans difficulté aucune,
» le ramena, docile, au sultan étonné.

» — Comment donc as-tu fait, lui demanda Sa
» Grandeur, pour dompter ainsi l'un des plus fougueux
» animaux de l'Arabie ?

» — Vous ne serez plus surpris, seigneur, répondit
» le croyant, quand vous saurez qu'ayant appris que
» *tous les biens de ce monde, jusqu'au jour du jugement*
» *dernier, seront pendus aux crins qui flottent entre*
» *les yeux de nos chevaux*, j'avais enterré, sous le
» seuil de ma maison, la tête d'une jument que j'avais
» trouvée morte. Le reste s'est fait par la bénédiction
» de Dieu.

» Le sultan fit à l'instant creuser à l'endroit désigné,
» et quand il eut ainsi vérifié les assertions de l'Arabe,
» il s'empressa de récompenser celui qui n'avait pas
» craint d'ajouter une foi entière aux paroles du Pro-
» phète. Le pauvre reçut en présent un beau cheval,
» des vêtements superbes, et des richesses qui le mi-
» rent à l'abri du besoin jusqu'à la fin de ses jours. »

Dans la pensée du général, les paroles symboliques
du Prophète renferment à la fois un moyen et un but.
Le peuple arabe aime les honneurs, le pouvoir, les richesses ; lui dire que tous ces biens précieux tiennent
aux crins de son cheval, c'est le lui rendre cher et le
rattacher à lui par le lien tout-puissant de l'intérêt
personnel. Voilà le moyen, voyons maintenant le but.
Le cheval apparaissait, au divin fondateur de l'isla-
misme, comme un précieux et terrible instrument de

guerre. Il avait compris que la mission de conquêtes léguée par lui à son peuple ne pouvait s'accomplir que par de hardis cavaliers, et il préludait ainsi, par des prédictions vagues en apparence, aux sanglants triomphes de la foi musulmane.

La tradition suivante, très accréditée chez les Arabes, et revêtue pour ainsi dire à leurs yeux d'un caractère sacré, vient à l'appui de cette opinion. Quand Dieu voulut créer la jument, proclament les *oulémas*, il dit au vent : « Je ferai naître de toi un être qui portera » mes adorateurs, qui sera chéri par tous mes es- » claves, et qui *fera le désespoir de tous ceux qui ne* » *suivent pas mes lois.* »

Et il créa la jument en s'écriant : « Je t'ai créée sans » pareille, les biens de ce monde seront placés entre » tes yeux, *tu ruineras mes ennemis ;* partout je te » rendrai heureuse et préférée sur tous les autres ani- » maux, car la tendresse sera partout dans le cœur » de ton maître. Bonne pour la charge comme pour » la retraite, tu voleras sans ailes, et *je ne placerai sur* » *ton dos que des hommes qui me connaissent et m'a-* » *dressent des prières, des hommes enfin qui m'ado-* » *rent.* »

Ce dernier texte est trop précis pour être diverse- ment interprété. Le Prophète prescrit en termes for- mels et impérieux, pour les *fidèles seuls,* l'usage exclusif du cheval et de la jument. Sous ce commandement religieux, il cache évidemment une pensée politique. Pour lui, le cheval est une machine de guerre animée et vivante qui doit faire la gloire de ses armes, et qu'il importe avant tout de ne point laisser aux mains des ennemis de la foi.

Le vrai sens de cette prescription échappe sans doute au vulgaire, mais il est très bien compris et pratiqué par les chefs arabes. On se souvient en effet qu'au temps de sa puissance, Abd-el-Kâder punissait de mort tout Musulman convaincu d'avoir vendu un cheval aux Chrétiens. Les gouvernements barbaresques et le divan égyptien lui-même obéissent encore aujourd'hui à ce commandement sacré, autant que le comportent les exigences de la politique internationale. C'est ce qui explique l'invincible répugnance qu'ils éprouvent à permettre, même dans les plus étroites limites, l'exportation des étalons distingués (1).

Ce divin précepte, confirmé d'âge en âge, et le plus souvent mêlé ou confondu avec les dangers, la gloire, les passions et les plaisirs des Arabes, en a reçu des impressions diverses, et s'est ensuite reproduit sous les formes les plus variées. Tantôt c'est un apôtre trois fois saint qui dit :

« Aimez les chevaux, soignez-les, ils méritent votre
» tendresse ; traitez-les comme vos enfants et nourris-
» sez-les comme des amis de la famille. Vêtez-les avec
» soin ! Pour l'amour de Dieu, ne vous négligez pas,
» car vous pourriez vous en repentir *dans cette vie et*
» *dans l'autre.* »

(1) J'ai la certitude, dit le général Daumas, que dans certains pays musulmans, sur la liste des présents obligés, en regard du nom chrétien (celui d'un prince, sans doute), le donateur avait mis : *Kidar ala Khrater el Roumi* — *Une rosse pour le chrétien.*

Tantôt c'est un vaillant soldat qui chante :

> « Mon cheval est le seigneur des chevaux :
> » Il est bleu comme le pigeon sous l'ombre,
>> » Et ses crins noirs sont ondoyants.
> » Il peut la soif, il peut la faim, il devance le coup d'œil.
>> » Et, véritable buveur d'air,
> » Il noircit le cœur de nos ennemis,
> » Au jour où leurs fusils se touchent.
>> » Mebrouck est l'orgueil du pays. »

Enfin il n'est pas jusqu'au voluptueux Thaleb, homme de Dieu pour le monde et homme du monde pour lui, vivant loin du bruit, dans une paresse contemplative, sans autres soins que ceux de sa toilette, sans autre travail que celui de faire des amulettes et d'écrire des talismans pour tous et pour *toutes*, qui n'ait souvent dit en baissant les yeux :

> « Le paradis de la terre est sur le dos des chevaux
> » Et dans le fouillement des livres..... »

Et quand il n'y a pas autour de lui d'oreilles trop sévères, il ajoute timidement :

> « Ou bien entre les deux seins d'une femme. »

Ainsi, traditions, sentences, légendes, chants guerriers et populaires, tout tend vers un même but, tout concourt à exalter l'amour de l'Arabe pour son cheval. « La religion, dit le général, lui en fait un devoir, » comme la vie agitée, les luttes incessantes, et d'im- » menses distances à parcourir, lui en font une néces- » sité. L'Arabe ne peut mener que la vie à deux, *son* » *cheval et lui*. »

### DES RACES.

« Les Arabes du Sahara, dit le général, savent tout
» ce que vaut le *sang ;* ils soignent leurs croisements,
» et améliorent leurs espèces. » Peut-être est-on en
droit d'ajouter que cette science remonte chez eux à
des temps très reculés : ne la tiennent-ils pas, en effet,
de leurs pères venus d'Orient à l'époque de l'invasion
musulmane? C'est en Arabie, cet antique berceau du
*plus noble animal de la création,* qu'elle a sans doute
pris naissance. Quand les Anglais, qui possèdent sinon
la meilleure, au moins la plus belle race du monde, y
puisèrent le pur sang dont elle est issue, ce ne fut pas
assurément le seul emprunt qu'ils firent à cette terre
primitive. Leurs méthodes de croisement et d'éducation se sont depuis modifiées sous l'influence du climat, de la nourriture et des mœurs, mais il est facile
d'en indiquer l'origine. C'est encore de l'Arabie que
leur vient la coutume des blasons hippiques et des
livres de généalogie, dont les *stud-books* ne sont qu'une
tardive imitation.

Le général, avant de nous initier aux différentes
espèces que comprend le genre arabe, commence par
décrire avec un soin minutieux le véritable type saharien, *charebérehh,* le buveur d'air. Il résume ensuite
cette description en trois maximes que nous repro-
duisons textuellement.

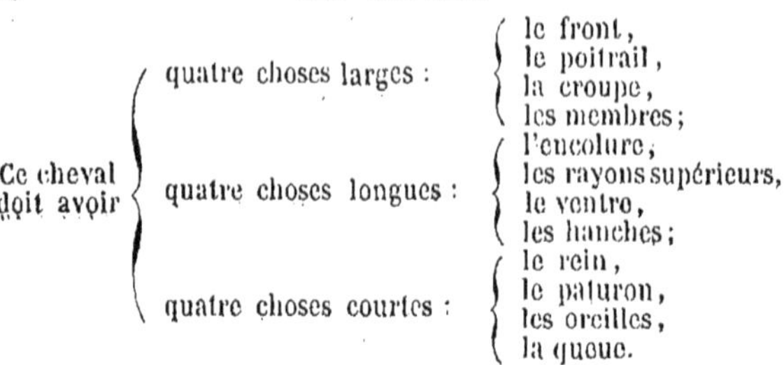

Ce cheval doit avoir :

quatre choses larges : le front, le poitrail, la croupe, les membres ;

quatre choses longues : l'encolure, les rayons supérieurs, le ventre, les hanches ;

quatre choses courtes : le rein, le paturon, les oreilles, la queue.

La jument a aussi sa part de ces aphorismes traditionnels. Ses qualités physiques et morales sont définies de la manière suivante.

Elle doit avoir :

le courage et la largeur de tête de sanglier, la grâce, l'œil et la bouche de la gazelle, la gaieté et l'intelligence de l'antilope, l'encolure et la vitesse de l'autruche, la queue exiguë et courte de la vipère.

Le cheval de pure race (*hdor*) ne se reconnaît pas seulement à l'excellence de sa conformation. On trouve encore, s'il faut en croire la tradition, dans ses goûts et dans ses habitudes, d'autres signes presque toujours certains de sa noble origine. Ainsi, par la grande estime qu'il a sans doute de lui-même, il refuse de manger l'orge dans toute autre musette que la sienne, il hennit de joie à la vue des arbres verts et de l'eau courante ; quelquefois il fléchit son encolure, et, par l'attitude de sa tête, par le mouvement de ses oreilles, et surtout par l'expression de ses yeux, il semble vouloir parler. Ce n'est pas tout encore, sans compter les mille preuves qu'il donne chaque jour de son courage et de son intelligence, il a de plus un cœur chaste et des mœurs austères. « Un tel cheval ne consentira »jamais à saillir sa mère, sa sœur, ou sa fille. »

A chacune de ces particularités traditionnelles se
rattache inévitablement quelque fable merveilleuse qui
la confirme et la propage. Voici ce qu'on raconte au
sujet de la dernière :

« Un grand seigneur avait un cheval magnifique,
» issu d'une jument fameuse dans le désert ; il voulut
» lui faire couvrir sa mère et ne put y réussir : l'étalon
» s'en approchait par moments, mais s'éloignait tout
» à coup avec horreur. Pour triompher de cette répu-
» gnance, on imagina un jour de lui bander les yeux
» et de lui présenter la jument, enveloppée elle-même
» de longs *haïcks* qui la rendaient tout à fait mécon-
» naissable ; il la saillit alors, mais aussitôt après le
» fils reconnut sa mère, s'enfuit de toute sa vitesse, et
» alla, de désespoir, se jeter dans un précipice. »

Dans l'opinion du général, sans attribuer à ce conte,
populaire en Algérie, un sens trop précis, on ne doit
cependant pas en méconnaître la portée allégorique.
Selon lui, il faut en conclure que les Arabes considèrent
les unions incestueuses comme une cause certaine de
la dégénérescence des races.

Nos lecteurs comprendront que dans cette simple
analyse, il nous est impossible de suivre le général
dans la nomenclature détaillée des familles chevalines,
dont la noblesse est constatée et la réputation établie
dans le Sahara. Aussi ne parlerons-nous que d'une
seule, celle des *haymour*.

Parmi les chevaux de pure race, les *haymour* sont
de beaucoup les plus recherchés, et à cause de leur
prix excessif, ne sont guère possédés que par les chefs

les plus riches. Leurs formes sont admirables de grâce et de proportion ; *ils portent bonheur*, passent pour les plus vites coureurs du désert, et demeurent sans tares jusqu'à un âge très avancé. Cette race privilégiée passe en outre, comme on va le voir par le conte suivant, pour avoir une origine merveilleuse.

« Un chef possédait une jument magnifique. Elle
» fut blessée dans une chasse à l'autruche ; on craignit
» qu'elle ne restât boiteuse. Son maître ne la voyant
» pas guérir et ennuyé de la traîner avec lui dans tous
» ses déplacements, ne pouvait cependant se résoudre
» à la tuer : il l'abandonna dans les pâturages. Au re-
» tour d'un long voyage, il se souvint de sa jument et
» s'enquit de ce qu'elle était devenue : elle était en très
» bon état et sur le point de mettre bas.

» Il se la fait amener, en prend le plus grand soin,
» et bientôt se voit le maître d'un poulain qui n'avait
» pas son pareil dans le désert. Aucune tribu n'avait
» passé depuis longtemps dans le lieu où la bête avait
» été laissée : on dut croire qu'elle avait été saillie
» par un âne sauvage, et l'on donna au poulain le nom
» de *haymour*, qui est celui des produits de ce der-
» nier animal. »

On sait combien, à propos des chevaux anglais et arabes, les deux questions de fond et de vitesse ont été longuement et ardemment controversées. Deux systèmes étaient en présence, et il faut bien le dire, ni le premier ni le second n'étaient d'une parfaite bonne foi. C'étaient des provocations et des défis réciproques lancés à grand fracas, mais avec la presque certitude que ni les uns ni les autres ne seraient acceptés. Tantôt les *sportmen* de Londres promettaient une défaite honteuse au plus vite coureur du *Nedj*, s'il avait l'audace de paraître sur le *turf* et de se produire dans une de ces passes rapides qui n'ont que la durée de l'éclair. Tantôt les grands seigneurs d'Égypte et de Syrie invitaient le *grand prix du Derby* à venir faire une course de quelques semaines à travers les sables du désert. On eût dit quelques duellistes de profession, divisés en deux camps, les uns très forts au pistolet, les autres très habiles à l'épée, qui ne pouvaient parvenir à s'entendre sur le choix des armes.

Aujourd'hui que le bon sens et plus encore le bon goût ont fait justice de ces exagérations systématiques, nous n'avons pas assurément la pensée de rallumer une querelle éteinte, ni de susciter de nouveaux et stériles débats. Aussi, en poursuivant notre analyse, laisserons-nous à nos lecteurs le soin de juger et de conclure.

Parfaitement convaincu, par un ensemble de faits constatés et de témoignages authentiques, ainsi que par son expérience personnelle, le général pense qu'un bon cheval dans le désert doit faire aisément pendant cinq ou six jours des traites de vingt-cinq à trente lieues. « Deux jours de repos, une bonne nourriture, » et il pourra recommencer. »

Il y a, en effet, une maxime très populaire et très accréditée chez les Arabes, qui dit : « Avec un cheval » qui, arrivé à la couchée, se secoue et urine, gratte » la terre du pied et hennit à l'approche de l'orge, » puis la tête entrée dans la musette, commence par

» mordre avec furie, trois ou quatre fois de suite, le
» grain qu'on lui présente, on ne doit jamais s'arrêter
» en route. »

On remarquera qu'il n'est question jusqu'ici que
d'une allure moyenne, telle que la pratique habituellement dans le Sahara un homme voyageant à loisir
pour son commerce ou ses affaires. Si maintenant de
cette règle générale, rigoureusement établie, nous
passons aux faits particuliers, il se présente en grand
nombre des exemples d'une vitesse si prodigieuse,
qu'ils paraîtraient fabuleux s'il n'avaient eu pour ac-
teurs ou pour témoins les hommes les plus dignes de
foi. Parmi ceux que le général rapporte et qu'il a choisis
entre mille, nous n'en citerons qu'un seul. Dans ce récit si simple où la grâce naïve du conteur vous charme
et vous entraîne avec lui, il n'y a aucune place pour
le doute.

C'est un vénérable vieillard, à barbe blanche, de
la tribu des *Arbâa* (1) qui parle :

« J'étais venu dans le Teull avec mon père et les
» gens de ma tribu, pour y acheter des grains. C'était
» sous le pacha *Aly*. Les *Arbâa* avaient eu de terribles
» démêlés avec les Turcs, et, comme leur intérêt du
» moment les portait à feindre une soumission com-
» plète, pour obtenir l'oubli du passé, ils convinrent
» qu'ils gagneraient à prix d'argent l'entourage du
» pacha et lui enverraient à lui-même, non un cheval
» médiocre, comme d'habitude, mais une bête de la

_______________

(1) C'est principalement chez les Arbâa que l'on trouve les
meilleurs et les plus beaux chevaux de la race *haymour*.

» plus grande distinction. C'était un malheur , mais
» Dieu l'avait voulu, il fallait se résigner. Le choix
» tomba sur une jument *gris pierre de la rivière*, con-
» nue dans tout le Sahara ; elle appartenait à mon
» père. On le prévint qu'il eût à se tenir prêt à partir
» le lendemain pour la conduire à Alger.

  » Après la prière du soir, mon père, qui s'était bien
» gardé de faire la moindre observation, vint me trou-
» ver et me dit : — Ben-Zian , *y a-t-il de toi aujour-*
» *d'hui ?* Laisseras-tu ton père *dans l'étroit* ou bien
» lui *rougiras-tu la figure ?*

  » — Il n'y a en moi que votre volonté, monseigneur,
» répondis-je ; parlez, et si vos ordres ne sont point
» exécutés, c'est que je serai vaincu par la mort.

  » — Écoute. Ces enfants du péché veulent me
» prendre ma jument pour arranger leurs affaires avec
» le Sultan ; tu sais, ma jument grise, qui a toujours
» *porté bonheur* à ma tente, à mes enfants, à mes cha-
» melles ; ma jument grise, celle qui est née le même
» jour que ton frère le plus jeune ! Parle !.... Souffri-
» ras-tu que l'on fasse cette honte à ma barbe blan-
» che ? La joie et le bonheur de ma famille sont entre
» tes mains : *Mordjana* (c'était le nom de la jument)
» a mangé l'orge ; si tu es mon fils de la vérité, soupe,
» prends tes armes, et puis, à la tombée de la nuit,
» fuis au loin dans le désert, avec le bien que nous
» aimons tous.

  » Sans répondre un seul mot, je baisai la main de
» mon père, je pris le repas du soir, je quittai *Be-*
» *rouaguia*, heureux de prouver ma tendresse filiale,

« et riant par avance du désappointement qui atten-
» dait nos cheiks à leur réveil. Je marchai longtemps,
» craignant d'être poursuivi ; mais *Mordjana* donnait
» dans la main, et je m'étudiais plutôt à la calmer qu'à
» l'exciter.

» Vers les deux tiers de la nuit, le sommeil me ga-
» gnant, je m'arrêtai, mis pied à terre, saisis les rênes,
» et, les roulant autour de mon poignet, je plaçai mon
» fusil sous ma tête et m'endormis enfin, mollement
» couché sur l'un de ces palmiers nains si communs
» dans notre pays. Au bout d'une heure je me réveil-
» lai ; toutes les feuilles du palmier nain avaient été
» mangées par *Mordjana* ; nous partîmes. La pointe
» du jour nous trouva à *Souagui :* ma jument *avait*
» *sué et séché trois fois ;* je lui donnai du talon, elle
» but à *Sidi-Bou-Zid* dans l'*Oued-Etouyl*, et, le soir,
» je priai la prière du soir à *Leghrouat*, après lui avoir
» présenté un peu de paille pour lui faire attendre l'é-
» norme musette d'orge qui lui était préparée. »

De *Berouaguia* (six lieues sud de *Médcha*) à *Soua-*
*gui*, on compte trente et une lieues ; de *Souagui* à
*Sidi-Bou-Zid*, vingt-cinq ; et enfin de *Sidi-Bou-Zid*
à *Leghrouat* (1), vingt-quatre : en tout, quatre-vingts
lieues parcourues en vingt-quatre heures, sans presque
boire ni manger (2).

---

(1) Ville située dans une oasis de ce nom, à 107 lieues sud
d'Alger, et prise d'assaut tout récemment par le général Pélissier.

(2) Ce fait a été raconté au général par *Si-Ben-Zian* lui-même,
et il ajoutait qu'il aurait pu aller coucher le lendemain à *Gardaya*
(quarante-cinq lieues plus loin), si sa vie eût été en péril.

Pour ceux de nos lecteurs qui conserveraient quelques doutes et que la fiction orientale tiendrait encore en méfiance, nous ajouterons le fait suivant : « Tous » les anciens officiers de la division d'Oran peuvent » raconter qu'en 1837 un général, attachant la plus » grande importance à obtenir des renseignements de » Tlemcen, donna son propre cheval à un Arabe pour » aller les lui chercher. Celui-ci, parti du Château- » Neuf (à Oran) à quatre heures du matin, y rentrait » le lendemain à la même heure, après avoir fait » *soixante-dix lieues* sur un terrain bien autrement » pierreux et accidenté que le désert. »

Suivant l'opinion établie chez les Arabes, le cheval vit de vingt à vingt-cinq ans, et la jument de vingt-cinq à trente. Pour exprimer l'usage qu'on en peut faire et les services que le cheval est appelé à rendre pendant sa vie, ils ont recours à la maxime suivante, dont le sens est facile à saisir :

*Sept ans pour mon frère,*
*Sept ans pour moi,*
*Sept ans pour mon ennemi.*

Si on leur demande d'où vient cet animal précieux, leur compagnon et leur ami, ils montrent du doigt l'Orient, et répondent : « Le cheval vient de la patrie » du premier homme, où il a été créé un jour ou deux » avant lui. »

### DE L'ÉTALON ET DE LA JUMENT.

L'Arabe a pour le cheval et la jument un amour à peu près égal ; mais, en règle générale, ce sentiment revêt, pour chacun de ces deux animaux précieux, une forme distincte et porte un cachet particulier. Il aime le cheval comme un ami, comme un frère. Son affection pour la jument, sauf les individualités d'exception, tient à la fois de l'*intérêt* du propriétaire et de la tendresse du père de famille ; il l'aime comme le seigneur aime son serviteur fidèle et son esclave chéri. Sans doute parce qu'elle a les vertus de son sexe, la douceur et la patience, il l'emploie de préférence aux usages domestiques et lui impose des services vulgaires qui seraient en désaccord avec l'attitude noble et fière de son cheval de bataille.

D'ailleurs, c'est une croyance admise sans réserve par toutes les populations sahariennes, que l'étalon a la plus grande part d'influence dans l'acte de la reproduction. « Exigeants pour la jument, dit le général, » les Arabes se montrent, en outre, très difficiles sur » le choix de l'étalon. Il n'est pas rare de leur entendre » dire : *Choisissez l'étalon et choisissez-le encore ; car* » *les produits ressemblent toujours plus à leurs pères* » *qu'à leurs mères. Souvenez-vous que la jument n'est* » *qu'un sac ; vous en retirerez de l'or si vous y avez* » *mis de l'or, et vous n'en retirerez que du cuivre, si* » *vous n'y avez mis que du cuivre.* »

Voici, de plus, en quels termes le général rapporte l'opinion personnelle d'Abd-el-Kâder sur cette question. Interrogé par lui, l'émir répondit : « *La noblesse* » *du père est la plus importante.* Les Arabes préfèrent » beaucoup le produit d'un cheval de sang et d'une » jument commune au produit d'une jument de sang

» et d'un étalon commun. Ils considèrent la mère
» comme presque étrangère aux qualités des produits :
» c'est, disent-ils, un vase qui reçoit un dépôt et qui
» le rend sans en changer la nature. *Toutefois, si la*
» *race se rencontre avec la race, c'est de l'or.* »

L'usage oblige tout Saharien à prêter son cheval
pour la monte. Un nombre considérable d'étalons étant
ainsi naturellement affecté à ce service, chacun d'eux
ne fournit guère dans une saison que cinq ou six saillies. Leur santé et leur vigueur ne sauraient donc en
recevoir la moindre atteinte ; à plus forte raison, ne
connaissent - ils jamais l'épuisement. L'homme de
grande tente, possesseur d'un étalon de pure race,
accorde rarement plus de deux saillies : la première
avec une jument qui vient de mettre bas, et la seconde
avec une jument vierge, *bokra.* En ce cas, il n'est sorte
de promesses, de soumissions et d'humilités que le
maître de la jument ne fasse pour obtenir la faveur
sollicitée. Le général raconte à ce sujet de curieux
détails. Par exemple, si c'est un homme du peuple, il
dit au noble :

« Monseigneur, pour l'amour de Dieu, prêtez-nous
» votre cheval ; cela ne peut qu'augmenter votre
» *goum* (1) ; nous sommes *les maîtres du bras, des*
» *plumes de vos ailes,* et demain mon frère, mon fils
» ou moi, nous saurons mourir pour vous. »

Le chef ne se laisse pas toujours aisément fléchir ;
alors l'humble client redouble ses supplications et ses
prières. Au reste, un refus, si absolu qu'il soit au

(1) Contingent armé des tribus.

fond, est presque toujours présenté sous une forme adoucie et conçu en termes affectueusement familiers. Le maître de l'étalon répond :

« Tu es mon ami, je ne demanderais pas mieux, je » te donnerais mes enfants ; mais fais attention que » mon cheval, *c'est mon cou ;* si tu viens à me le rui-» ner, qui sauvera mes chameaux et ma famille aux » jours du danger? »

Un Saharien ne donnera jamais sa jument à un cheval rétif ou taré ; l'étalon trop vieux est aussi rigoureusement écarté. « Si l'Arabe, dit le général, se mé-» fie de ses connaissances au sujet de l'âge, après » avoir scrupuleusement examiné les membres de l'a-» nimal, il ne manque jamais de lui pincer la peau du » front et de la tirer fortement à lui. Reprend-elle sa » forme première sans garder trace de ses doigts, il » accepte le sujet. Dans le cas contraire, il le repousse » comme trop vieux ou trop mou. »

Le poulain d'automne n'existe pas dans le désert. On donne invariablement l'étalon à la jument dès les premiers jours du printemps, afin que le poulain, qui naîtra l'année suivante à la même époque, ait le temps de prendre assez de force pour supporter ensuite les pluies et les neiges de l'hiver.

Les Arabes font saillir de préférence le vendredi. Ce jour est le dimanche des musulmans, et il *porte bonheur.* Soit par un sentiment de pudeur, soit pour ne pas distraire l'étalon, la saillie a toujours lieu loin des tentes. Elle se fait habituellement le matin pour éviter la chaleur.

Le général donne une description très détaillée de la monte, telle qu'elle est pratiquée chez les Sahariens. On peut y voir qu'en fait de soins intelligents et de sages précautions, ils ne le cèdent en rien à nos garde-étalons les plus attentifs et les plus habiles. Il reproduit ensuite et explique leurs idées générales , ainsi que leurs préjugés superstitieux sur la stérilité de l'étalon ou de la jument. Enfin , il indique les divers et singuliers procédés qu'ils emploient pour ramener la fécondité.

Pendant la gestation , le travail de la jument n'est pas interrompu, mais il diminue insensiblement à mesure que le terme approche. On évite surtout de la surmener et de lui imposer de trop lourds fardeaux. Dans les deux derniers mois, si son maître est aisé , il ne la monte plus. Au moment de la parturition, ces attentions et ces soins redoublent encore ; la jument demeure sous la tente chaudement couverte, et on ne lui donne que des aliments choisis.

La naissance d'un poulain est pour les Arabes une véritable fête de famille. Dès qu'il a été convenablement nettoyé , il reçoit mille caresses , et son cou est aussitôt chargé de talismans ou d'amulettes qui doivent le préserver du mauvais œil, *adïn.* On lui apprend de bonne heure à boire du lait de brebis ou de chamelle , afin qu'il puisse , au besoin , se passer de sa mère que les hasards et les dangers de la vie nomade tiennent souvent éloignée des tentes. Beaucoup de poulains ont une et quelquefois les deux oreilles fendues. Cet usage a reçu plusieurs interprétations plus ou moins fondées. Voici, d'après le général, quel en est très habituellement le vrai sens :

« Le maître d'une tente a un enfant en bas âge ; il
» l'aime tendrement ; il déclare , en fendant l'oreille
» à son poulain , qu'il le réserve à son fils un tel. S'il
» vient à mourir, personne n'en peut contester la pos-
» session à l'enfant désigné. »

Quelquefois, en temps de guerre, on tue le poulain immédiatement après sa naissance , pour pouvoir se servir de la mère ; mais on ne tue jamais une pouliche. Cette prédilection, qui semble contradictoire avec la haute estime des Arabes pour le cheval et la grande part d'influence qu'ils lui attribuent dans l'acte de la reproduction, s'explique par les motifs suivants.

La jument est plus sobre ; elle supporte mieux la chaleur et la soif et peut uriner sans s'arrêter, ce qui est d'une importance extrême dans les combats, les poursuites et les déroutes ; elle ne hennit point et ne peut jamais trahir ainsi et dénoncer son cavalier , es-pion , voleur ou amoureux ; enfin, ses produits sont pour la famille une source de richesses nouvelles.

Si la pouliche est née en route, pendant une course d'affaires, ou une expédition de guerre, on la place sur un chameau et on lui fait sur son dos un lit aussi doux que possible. Le général raconte à ce sujet le fait sui-vant dont il a été le témoin : « J'ai vu , dit-il , dans
» l'expédition de Taguedempt , en 1841 , un cavalier
» du Makhzen (1), qui n'avait pas de moyens de trans-

(1) Milice fournie par les Arabes alliés.

» port, porter devant lui sur sa selle, pendant les qua-
» tre premiers jours après la naissance, une pouliche
» que sa jument avait donnée au bivac. Ce terme
» passé, elle suivit très bien sa mère, et fit toute la
» campagne. »

### ÉDUCATION DU POULAIN.

La première éducation du poulain commence à
l'époque du sevrage. Cependant il suit encore sa mère
au pâturage et dans les marchés voisins. On ne lui
impose, il est vrai, ni fardeau ni contrainte, et il ne
porte encore aucune marque de servitude ; mais à
l'allée comme au retour de ces courtes et salutaires pro-
menades, il est déjà pour son maître un sujet d'études
et d'observations. Le soir, lorsqu'il revient coucher
auprès des tentes, la famille l'attend pour lui faire fête.
On le flatte, on lui prodigue les plus tendres caresses
et on l'appelle des noms les plus doux. Les femmes et
les enfants surtout, pour gagner ses bonnes grâces,
partagent avec lui les friandises de leur souper, du
pain, du kouskoussou, du lait et des dattes. « N'est-ce
» pas, dit le général, à ces soins multipliés et affec-
» tueux qu'il faut attribuer en grande partie la con-
» fiance et la docilité (1) qu'on admire chez le cheval
» arabe ? »

(1) En équitation, la docilité s'explique surtout par une grande
souplesse et une grande facilité de mouvements, qualités pré-
cieuses que le cheval arabe possède à un très haut degré, et qui
dans les races diverses tendent à s'effacer à mesure qu'on avance
vers le nord.

Après le sevrage, dont le général raconte les inté-
ressants et minutieux détails avec cette simplicité
élégante qui fait le charme de ses démonstrations, on
commence à apprécier la conformation du poulain et
à juger de ses moyens. Il est rare qu'alors il ne reçoive pas sur quelque point l'application du feu, ce
grand spécifique, si fréquemment et si diversement
employé par les Arabes. Relâchement des gaînes liga-
menteuses, faiblesse ou racornissement des tendons,
déviation des rayons articulaires, froideur et inertie
des épaules, enfin tares molles ou osseuses, le feu
doit tout modifier, tout guérir. Il est appliqué avec
une faucille rougie, et habituellement le matin ou par
un temps frais.

À dix-huit ou vingt mois, suivant le développement
plus ou moins hâtif de ses forces, le poulain est monté
par un enfant qui, sans autre aide qu'une simple longe,
le mène boire, va à l'herbe et le conduit au pâturage.
Dès ce moment, malgré les précautions et les flatteries
que l'on emploie pour l'habituer aux entraves, et sans
qu'il ait rien perdu de la tendre affection de la famille,
sa liberté lui est à jamais ravie.

Vers la fin de la seconde année, ou un peu plus
tard, si le poulain est d'une constitution délicate, les
obligations ainsi que les signes de servitude se suivent
et se multiplient. C'est d'abord la bride qui remplace
la longe, mais dont on use avec une grande réserve
et une modération extrême, afin d'habituer graduel-
lement le jeune élève à l'action puissante du mors (1).

(1) Le mors arabe, malgré son aspect effrayant, est moins dur

Dès qu'il a fait sur ce point essentiel acte de soumission, et qu'il paraît résigné à sa condition nouvelle, on ne se contente plus de le faire monter à nu par un enfant. Dans les petites courses où il l'emmène avec lui, le maître place d'abord sur son dos un bât supportant deux paniers remplis de sable ; puis vient la selle de guerre, avec tout son brillant attirail de sangles, de poitrail, d'étrivières et d'étriers. Enfin, le cavalier lui-même, sans éperons, une simple baguette à la main, le monte et le promène doucement autour des tentes ou d'un *douar* à l'autre, par les chemins qui lui sont familiers.

C'est donc vers la fin de la troisième année que commence véritablement le dressage du cheval arabe. Peut-être jugera-t-on cette méthode un peu hâtive, surtout si l'on considère que les préliminaires indiqués réclamaient déjà un emploi de forces prématuré au moins en apparence. A cela les Sahariens répondent : « Que voulez-vous ? nous sommes pauvres, et souvent » placés entre la nécessité d'agir ainsi ou d'aller à » pied. Pour nous, toujours à la veille d'un danger ou » d'une surprise, le moment présent est tout ; et puis » il y a une sage maxime qui dit :

» *Tout cheval endurci porte bonheur.* »

« L'Arabe, dit le général, dans sa vie aventureuse » et pleine de périls, a besoin avant tout d'un cheval

qu'on ne pense. Il a en effet les branches courtes, sur la ligne, et l'appui des canons est singulièrement adouci par l'absence totale de liberté de langue.

» qui se laisse monter facilement. » Aussi la leçon du montoir lui est-elle donnée avec des précautions infinies. On le confirme surtout dans l'habitude acquise aux premiers jours du dressage, de ne jamais fuir son cavalier quand il a mis pied à terre, et même de rester en place pendant des heures entières, lorsque, en signe de commandement, son maître, après avoir passé les rênes par-dessus l'encolure et la tête, les abandonne à terre.

Nous voici maintenant arrivé à l'emploi du *chabir*, sorte de tige aiguë en fer (1), qui s'adapte au talon du cavalier par un système de courroies. Notre innocent éperon ne saurait donner une idée de ce terrible instrument. Pour les Arabes, le *châbir* est non seulement *un moyen de châtiment*, mais encore une aide puissante, irrésistible, qui les sauve des plus grands dangers et leur inspire un souverain mépris pour nos molettes étoilées. « Quel effet, disent-ils, en obtien-
» drez-vous dans un cas de vie ou de mort avec un
» cheval déjà fatigué ? Ce n'est bon qu'à le chatouiller
» et à le rendre rétif. Avec nos chabirs *nous suçons le*
» *cheval* (2) ; tant que la vie est chez lui, *nous allons*
» *l'y chercher :* ils ne sont impuissants que devant la
» mort. » A l'appui de ces énergiques affirmations, ils racontent la fable suivante :

(1) Cette tige a une longueur de 10 à 12 centimètres, et une épaisseur d'environ 2 centimètres à sa base, qui est aussi son plus grand diamètre.

(2) On se sert du *chabir* non en piquant, mais en rayant de bas en haut l'épiderme avec sa pointe.

« Quand les animaux furent créés, ils parlaient. Le
» Cheval et le Chameau s'étaient juré de ne se faire
» jamais aucun mal et de vivre au contraire toujours
» en bonne intelligence. Un jour, un Arabe, mis aux
» abois par une circonstance de guerre, vit avec déses-
» poir s'enfuir le Chameau sur lequel il comptait sauver
» sa fortune. Le temps pressait. — Qu'on m'amène
» mon Cheval ! — s'écrie-t-il. Et il s'élance sur lui,
» il l'excite, le pousse et le talonne. Vains efforts ! le
» Cheval ne bouge, se rappelant la promesse faite à
» son ami. L'Arabe chausse alors ses éperons qui
» étaient dans sa *djébira*. Le Cheval, sentant ses flancs
» déchirés, bondit, s'élance, et en un éclair atteint le
» fuyard. — Ah ! traître, lui dit le Chameau, *tu as volé*
» notre serment ; tu avais juré de ne me faire jamais
» de mal, et tu viens de me remettre aux mains de
» mon tyran. — N'en accuse pas mon cœur, répond le
» Cheval ; je ne voulais pas courir, mais ce sont les
» *épines de la misère* qui m'ont amené jusqu'à toi. »

Pour faire un usage habile du *chabir*, il faut être
un cavalier consommé. Le suprême degré de l'art
consiste à décrire avec la pointe une courbe sanglante
du nombril à la colonne vertébrale. Ainsi on entendait
souvent dire aux Arabes, pour vanter les talents en
équitation d'Abd-el-Kâder : « *Il croise ses éperons sur*
» *les reins de son cheval.* »

« Dans le Sahara, dit le général, les seuls profes-
» seurs d'équitation sont la pratique, la tradition et
» l'exemple. » Cependant, pour s'y faire une renommée, il faut être capable de belles choses et avoir déjà

vaincu de grandes difficultés. Il est vrai de dire que les divers degrés d'habileté et de hardiesse y sont notés et que chacun d'eux reçoit une qualification allégorique dont le sens est facile à saisir. Ainsi on distingue le cavalier du *fusil* et le cavalier du *talon*, le cavalier d'*hiver* et le cavalier d'*été*. En résumé, dans le dressage comme dans l'emploi habituel du cheval, les Arabes attribuent avec raison une influence extrême à l'adresse et au tact du cavalier. Ils ont coutume de dire :

> *Le cavalier fait le cheval*
> *Comme le mari fait la femme.*

On vient de voir le cheval saharien passer par les phases diverses de l'enfance, de l'adolescence et de la jeunesse ; voici maintenant qu'il entre dans l'âge adulte, et bientôt il sera propre à la chasse et à la guerre. Mais avant de compter parmi les nobles coursiers de la tribu, et pour que son éducation soit complète, il doit être soumis à une série d'exercices qui puissent le préparer convenablement aux fatigues et aux dangers qui l'attendent. Ces essais et ces jeux ne sont pas toujours sans péril. « Mais, disent les » Arabes, les anges ont deux missions spéciales à rem- » plir dans ce monde : *Présider à la course des chevaux* » *et à l'union de l'homme et de la femme.* » Dans le grand nombre de ces tours de force aussi gracieux que hardis, et pour donner une idée des passe-temps équestres connus sous le nom de *fantasia*, nous n'en citerons qu'un seul. Le jeu de la ceinture, *L'âab el*

*kâzame*, est raconté par le général dans les termes suivants : « Quand le cheval est tout à fait dressé,
» dans les fêtes de famille, dans les solennités reli-
» gieuses, le cavalier, lancé au galop de course, ra-
» masse une ceinture étendue à terre : les plus habiles
» la prennent à deux et même à trois endroits diffé-
» rents. »

Chez les Arabes, comme on a déjà pu le voir, l'idée religieuse arrive presque toujours à point pour expliquer et justifier les coutumes de leur vie sociale. Ainsi ce n'est pas seulement dans l'intérêt personnel du maître et du cavalier qu'il faut chercher l'explication du soin extrême que l'Arabe met au dressage de son cheval. La religion le lui commande encore expressément. Le Prophète a dit : « *Le croyant qui a dressé*
» *son cheval de manière à briller dans la guerre sainte*
» *(djéhad), la sueur, les poils, le crottin et l'urine de*
» *ce même cheval entreront pour lui dans la balance*
» *du bien et du mal, au jour du jugement dernier.* »

Dans l'éducation du poulain il faut aussi comprendre l'usage invariablement suivi par toutes les populations algériennes de lui couper les crins du toupet, de l'encolure et de la queue. Le sens de cette opération, qui se renouvelle plusieurs fois, à époques fixes d'un à cinq ans, peut nous paraître nul ou tout au moins bizarre (1) ; mais, à ce point de vue, les Arabes sont loin d'être en reste avec nous. Par exemple, ils ne peuvent comprendre l'habitude que nous avons de

(1) Cette coutume a l'avantage de faire connaître l'âge d'un cheval à première vue.

raccourcir le tronçon de la queue ; c'est, à leurs yeux,
une barbarie sans nom, qui, dans leurs récits de guerre
comme dans leurs causeries familières, sert de texte
à toutes sortes d'allusions plaisantes et dédaigneuses.
Le général cite un fait qui prouve combien cette coutume a le privilége d'exciter leur verve railleuse, même
dans les circonstances les plus graves.

Pendant l'expédition de Taguedempt, en 1841, le
gouverneur général écrit aux Flittas déjà battus et dis-
persés, pour les engager à la soumission. Le jour suivant, les Flittas répondent (1), et après avoir démon-
tré l'illégitimité ainsi que l'impossibilité matérielle de
notre domination, ils ajoutent : « Cependant, si le Tout-
» Puissant, pour nous punir de nos péchés et des pé-
» chés de nos pères, venait à nous infliger un jour *cette*
» *horrible maladie*, nous serions encore fort embarras-
» sés, nous sommes forcés de l'avouer. Chez nous, la
» marque de soumission est la présentation d'un che-
» val au vainqueur (gada) ; *nous savons que vous n'ai-*
» *mez que les chevaux à queue courte, et nos juments*
» *n'en font pas.* »

PRINCIPES GÉNÉRAUX DU CAVALIER ARABE.

Nous aurions voulu pouvoir donner à nos lecteurs
au moins un aperçu sommaire de ce chapitre, peut-
être le plus curieux, le plus intéressant, et à coup sûr
le plus original pour le fond comme pour la forme ;
mais il se compose uniquement d'une série de maximes

----

(1) Dans cette réponse, le gouverneur est tout simplement qua-
lifié de *kaïd du port d'Alger !*

simples, précises, sans liaison entre elles, et dont nous craindrions d'altérer le sens en les réduisant à de moindres proportions. Que le général daigne cependant nous pardonner non un avis, mais un souhait. Nous voudrions voir ce chapitre imprimé en petit format, sous forme de manuel, dans la poche ou sous le traversin de tous les cavaliers de notre armée. Dans les veillées d'hiver et pendant les longues heures passées au corps de garde, cette lecture, aussi attrayante que facile, serait pour lui tout à la fois un passé-temps agréable et une excellente théorie.

### NOURRITURE.

Avant de nous initier aux détails de l'alimentation du cheval arabe, le général observe que le lait de brebis ou de chamelle, suivant la saison (1), lui est administré non comme *boisson*, quoi qu'en disent nos touristes, mais bien comme *nourriture*. Aux yeux des Orientaux, le lait est un véritable aliment qui donne de la qualité au sang, affermit sans l'engraisser la fibre musculaire, et remplace habituellement l'orge, bien autrement rare dans le désert que l'eau elle-même.

Le régime du cheval saharien, inévitablement soumis à toutes les incertitudes et souvent aux nécessités impérieuses de la vie nomade, ne saurait présenter une règle fixe. Cependant, comme ses variations les plus marquées et ses différences les plus essentielles se rapportent presque toujours à l'une des saisons de

(1) Le lait de brebis est donné pendant la saison chaude, et le lait de chamelle pendant la saison froide ou pluvieuse.

l'année, on peut, à la rigueur, considérer comme autant de principes généraux les usages suivants.

*Au printemps*, la tribu est campée dans la première
zone du Sahara. L'orge, s'il y en a, est gardée en réserve pour les courses ou toute autre éventualité de
guerre, et remplacée, le plus souvent, par le lait de
brebis. Le cheval déferré est envoyé dans les pâturages, qui, à cette époque de l'année, abondent en
herbes aromatiques et succulentes ; il est entravé. On
le fait boire une seule fois par jour, à deux heures de
l'après-midi.

*En été*, la tribu vient dans le Tell faire sa provision
de grains. Elle y est entourée d'étrangers malveil-
lants, quelquefois d'ennemis, et n'a garde d'envoyer
ses chevaux aux pâturages. Elle achète de la paille
d'orge (la paille nouvelle de froment est réputée dan-
gereuse) et de l'orge à ses hôtes. C'est, dit le général,
l'époque de l'année où les animaux sont dans l'abon-
dance. On fait boire deux fois par jour, le matin de
bonne heure, et le soir après le coucher du soleil. On
donne ensuite l'orge, qui est indispensable dans cette
saison.

*En automne*, la tribu retourne à son point de départ, et les chevaux sont de nouveau renvoyés aux
pâturages. On leur donne pour la nuit des tiges d'ar-
bustes épineux ou de ronces sauvages, après les avoir
rompues et broyées. On ne fait plus boire qu'une fois
par jour, à l'heure déjà indiquée. Les gens riches
donnent l'orge, mais les pauvres la conservent pour
les expéditions et les voyages. Alors ils la rem-

placent par le lait de chamelle pur ou étendu d'eau.

*En hiver*, la tribu, souvent plus avancée vers le sud, continue d'envoyer les chevaux aux pâturages, fécondés à cette époque par les pluies torrentielles de la saison. Comme en automne, le lait de chamelle est substitué à l'orge dans les familles pauvres. On y ajoute pour la nuit la graine ou la racine tendre de l'*alfa*. L'abreuvoir n'a lieu qu'une fois par jour et à la même heure.

A *Souf, Tougourt, Ouareglu*, et dans tout le Sahara méridional (*pays de la Soif*), les dattes tiennent lieu d'orge dans la nourriture habituelle. Si on les lui présente sèches dans une musette, le cheval, instruit par une longue habitude, mange la chair et rejette les noyaux avec une grande adresse. Quelquefois, après avoir enlevé les noyaux et les pellicules, on fait avec la chair, macérée dans une certaine quantité d'eau ou de lait, une sorte de pâte liquide dont il est très friand. Enfin, dans la saison, on lui donne les dattes à demi mûres (comme les noix vertes), lorsque le noyau, à peine formé et encore tendre, cède sans effort à la pression de la dent.

En général, les Arabes donnent plus à manger le soir que le matin. Ils ont coutume de dire : *La nourriture du matin va au fumier, et celle du soir va à la croupe.*

Si, en été, la tribu, forcée de fuir des plaines arides et brûlées par le soleil, ne peut, sans un danger extrême, se rapprocher du Tell, elle va chercher un refuge sur les dernières pentes des montagnes du

Sahara ou dans le voisinage des *Ksours* (1). Alors la disette et la soif sont imminentes, et, menacée de périr, ce n'est plus qu'à prix d'or qu'elle se procure de faibles secours pour attendre la saison prochaine.

### PANSAGE ; HYGIÈNE.

Dans le Sahara, l'hygiène n'est point une science. Il n'y a chez les Arabes ni chaires ni professeurs, et les propriétés physiques des corps, non plus que celles des agents atmosphériques, ne leur ont jamais été démontrées. Mais ils possèdent depuis des siècles un maître souverain, l'expérience, dont ils suivent attentivement les leçons. On a déjà vu avec quelle sollicitude ils veillent à la conservation de l'étalon et de la jument, de combien de sages précautions ils entourent le poulain, et quels soins intelligents ils mettent à son éducation. A plus forte raison le cheval de guerre est-il pour eux, en quelque sorte, un objet sacré d'inquiétudes jalouses et de vigilantes préoccupations.

Les Sahariens considèrent le pansage quotidien, et surtout l'usage de l'étrille, comme inutile et dangereux. Ils pensent que ce frottement si souvent répété surexcite les fonctions de la peau et compromet ainsi la santé du cheval. Pour le tenir propre, ils se contentent de l'essuyer avec un chiffon de laine, ou de le laver au savon noir pendant les chaleurs de l'été. Ils sont, du reste, très exigeants à l'endroit de la propreté, et en cela ils ne font qu'imiter le Prophète lui-même, comme l'indique la tradition suivante : « On conduisit

(1) Pluriel de *ksar*, ville ou village fortifié dans le désert.

» un jour un cheval au Prophète. Il l'examina, se leva
» et, sans mot dire, il lui essuya la face, les yeux et les
» naseaux avec les manches de sa chemise. — Quoi !
» avec vos vêtements ! lui dirent les assistants. —
» Certainement, répondit-il, et c'est l'ange Gabriel
» qui m'a plus d'une fois réprimandé et ordonné d'en
» agir ainsi. »

En hiver, le cheval est enveloppé jour et nuit dans
une bonne couverture. Dans les temps de pluie ou de
neige, il est attaché et mis à l'abri sous une tente. En
été, la couverture est enlevée le matin et le soir; mais
on la remet pendant la chaleur du jour, pour éviter
les insectes, et surtout la nuit, pour préserver le cheval de la rosée si froide et si pénétrante dans cette
saison. Ce qu'on redoute le plus en effet pour lui,
c'est :

> *Le froid de l'été,*
> *Ou bien un coup de sabre.*

### DES ROBES.

Chez les Sahariens, la classification des robes est
beaucoup moins savante que dans nos écoles; mais
en revanche, elle est infiniment plus poétique. Les
plus estimées sont :

*Le blanc.* Il doit avoir le reflet de la soie, et de plus
être sans ladre, avec le tour des yeux noir. C'est la
couleur des princes; mais il ne supporte pas la fatigue.

*Le noir.* Il doit être comme une nuit sans lune et
sans étoiles. Il *porte bonheur;* mais il a le pied délicat
et craint les pays rocheux.

*Le bai.* On le veut d'une teinte presque noire ou dorée. Il est de tous le plus sobre et le plus dur à la fatigue, comme l'indique un dicton populaire :

> *Le rouge foncé*
> *Dit à la dispute : Reste là.*

« Si l'on vous dit qu'un cheval a sauté dans le fond
» d'un précipice sans se faire de mal, demandez de
» quelle couleur il était ; si l'on vous répond : *Bai*,
» croyez-le. »

*L'alezan.* Les Sahariens donnent une préférence exclusive à la nuance brûlée. Il passe pour le plus léger et le plus vite à la course. *Quand il fuit sous le soleil, c'est le vent.*

« Si l'on vous assure avoir vu un cheval voler dans
» les airs, demandez de quelle couleur il était ; si l'on
» vous répond : *Alezan*, croyez-le. »

La haute estime dont jouissent ces robes privilégiées est incontestée dans tout l'Orient, et, comme toujours, se fonde, pour chacune d'elles, sur quelque merveilleuse légende. On cite surtout un fait qui résume en lui seul ces diverses croyances, et que le général raconte avec sa simplicité et sa grâce accoutumées.

« *Ben-Dyab*, chef renommé du désert, qui vivait en
» l'an 905 de l'hégire, se trouvant un jour poursuivi
» par *Sdad-el-Zanaly, chikh des Oulad Yâgoub*, se re-
» tourna vers son fils, et lui demanda : — Quels sont
» les chevaux en tête de l'ennemi ? — Les chevaux
» blancs, répondit son fils. — C'est bien ; dirigeons-

» nous du côté du soleil, ils y fondront comme du
» beurre.

» Quelque temps après, *Ben-Dyab*, se retournant
» encore vers son fils, lui demanda : Quels sont les
» chevaux en tête de l'ennemi ? — Les chevaux noirs,
» lui cria son fils. — C'est bien ; gagnons les pays
» pierreux, et nous n'aurons rien à en craindre : ils
» ressemblent à la négresse du Soudan, qui ne peut
» marcher pieds nus sur les cailloux.

» Il changea de route, et bientôt les chevaux noirs
» furent distancés. Une troisième fois, *Ben-Dyab* de-
» manda : — Et maintenant, quels sont les chevaux
» en tête de l'ennemi ? — Les alezans brûlés et les
» bais bruns. — En ce cas, s'écria *Ben-Dyab*, *à la*
» *nage*, mes enfants, *à la nage*, et du talon à nos che-
» vaux ; car ceux-ci pourraient bien nous atteindre,
» si, pendant tout l'été, nous n'avions pas donné l'orge
» aux nôtres. »

Les robes méprisées sont le *pie*, l'*isabelle* et le *rouan*.
Elles reçoivent les qualifications les plus dédaigneuses
et les plus méritées, s'il faut en croire les événements
malheureux ou seulement les fables ridicules qu'on
leur attribue.

Viennent ensuite les marques particulières : épis,
balzanes, et marques en tête. Quelques unes *portent*
*bonheur*, mais la plupart sont d'un mauvais augure.
Ces préjugés se justifient également par une foule de
maximes ou de contes populaires.

« La part étant faite, dit le général, des préjugés
» et des superstitions, il restera établi que les Arabes

» aiment les robes franches, foncées, et regardent les
» robes claires et lavées, ainsi que les taches blanches
» à la tête, sur le corps et aux extrémités, quand elles
» sont longues et larges, comme des signes de dégé-
» nérescence et des indices de faiblesse. »

### CHOIX ET ACHAT DES CHEVAUX.

Dans le Sahara, un cheval taré se vend très difficilement ; un cheval malade ou blessé, quelle que soit
d'ailleurs la nature de l'accident, ne se vend pas du
tout, comme l'enseigne le proverbe suivant :

> *Ruiné, fils de ruiné,*
> *Celui qui achète pour guérir.*

Les vices de conformation et les allures défectueuses
sont aussi des causes naturelles et plus ou moins marquées de dépréciation. Mais ce qui est pour le Saharien
de la plus haute importance, c'est le libre exercice et
la perfection des sens extérieurs. Par les temps bru-
meux ou dans les nuits sombres, la vue, l'odorat et
l'ouïe de son cheval lui sont d'un si grand secours !
Ce fidèle compagnon voit, flaire ou devine le danger,
et en avertit son maître, dont il sauve ainsi la vie et
la fortune.

« Le Lion et le Cheval se disputaient pour savoir
» celui des deux qui avait meilleure vue. Le Lion vit
» pendant une nuit obscure un poil blanc dans du lait ;
» le Cheval vit à son tour un poil noir dans du gou-
» dron : les témoins se prononcèrent en faveur de ce
» dernier. »

La force et la vitesse sont les premières qualités du cheval arabe, comme la docilité et la résignation sont ses premières vertus. Celui qui *nie les éperons*, mord, *se sauve des étriers*, et fuit le cavalier quand il a mis pied à terre, n'est bon ni pour la paix ni pour la guerre.

Il y a en Algérie une tribu (*Beni-Addèss*), ou plutôt une caste, répandue sur tout le territoire, dont le langage et les mœurs semblent indiquer une origine, sinon identique, au moins analogue à celle de nos bohémiens et des gitanos d'Espagne (1). Entre autres spécialités, cette race vagabonde a surtout usurpé le monopole du maquignonnage. L'Arabe qui vend son cheval est toujours convenable et digne ; il considère même comme une grave injure toute question indiscrète qui lui serait adressée avant que son intention soit connue. Le *Beni-Addèss* a des façons moins modestes et moins réservées ; il appelle le chaland, l'entoure de séductions, et l'accable sous un torrent de métaphores hyperboliques : son cheval *atteint la gazelle ; il devance l'amorce et le coup d'œil ; il dit à l'aigle : Descends, ou je monte vers toi.....*

Comme tous les maquignons de la terre, le *Beni-Addèss* excelle dans l'art de rajeunir sa monture et de dissimuler ses défauts ou ses vices. Il y a un proverbe qui dit :

(1) Contre tout usage reçu, les femmes et les filles des Beni-Addèss fréquentent les marchés et stationnent à la porte des villes pour s'y livrer à la mendicité ou à la prostitution.

*Chez un autre les chevaux sont des charognes,*
*Chez le Beni-Addèss ce sont de jeunes fiancées ;*
*Chez un autre ils dorment ,*
*Chez lui ils dansent.*

### FERRURE.

La première zone du grand désert algérien , dans sa déclivité lente vers le sud, n'offre point, comme on pourrait le croire , l'aspect d'une plaine sablonneuse. Le sol y est peu tourmenté, en effet, mais seulement aride et pierreux. Aussi les Sahariens sont-ils dans l'usage de ferrer leurs chevaux des deux pieds de devant, et souvent même des quatre pieds , quand la tribu campe ou voyage sur une surface dure et rocheuse.

La ferrure arabe, d'une grande légèreté (1) , et toujours exécutée à froid, est d'un fer doux et liant. Les branches à éponges réunies, comme dans nos fers à planche, sont très larges, afin de protéger efficacement la sole et la fourchette. La pince est libre et tronquée pour les pieds de devant (2). Les étampures sont sans évidement, et les clous à tête saillante, mais aplatie d'avant en arrière en forme de croissant, au lieu d'être rivés, sont tout simplement rabattus sur la corne.

L'attirail du maréchal ferrant se compose d'une peau de bouc accommodée en soufflet, d'une enclume,

(1) L'épaisseur du fer ne dépasse guère 3 millimètres.
(2) La perpendiculaire servant à mesurer la hauteur du segment enlevé excède 1 centimètre.

d'un étau, de limes et de tenailles. Ces instruments , de forme grossière, lui viennent, pour la plupart, du littoral, ou sont fabriqués par lui-même. Il est, en effet, au besoin, comme les maréchaux de nos campagnes , quelque peu taillandier et forgeron , voire même armurier. Il fait aussi son charbon , et forge lui-même ses clous. L'usure de la corne suivant de près celle du fer , il ne pare les pieds que très rarement, après un repos forcé ou un long séjour dans le Tell , et se sert pour cette opération d'une serpe très affilée.

Dans le Sahara, la profession de maréchal se transmet du père au fils, et fait, en quelque sorte, partie de l'héritage de famille. C'est, du reste, avant tout, un homme de travail et de paix. Comme l'argent est d'une rareté extrême dans ces contrées lointaines, le client s'acquitte envers lui au moyen de certaines redevances. Ainsi , au retour du Tell , après les achats de grains, chaque tente lui fait abandon d'une mesure de blé ou d'orge. Au printemps , il reçoit également une toison de brebis ; dans les razzias , lors même qu'il n'a point fait partie de l'expédition , il a encore sa part du butin. « Enfin, dit le général, le plus im-
» portant privilége des maréchaux ferrants dans le
» Sahara, le signe irrécusable de l'estime dont ils
» jouissaient autrefois, et de la protection qui les cou-
» vre encore aujourd'hui, c'est le don de la vie dans
» les combats. Si le maréchal est à cheval les armes
» à la main, il s'expose à être tué comme tous les ca-
» valiers du *goum* ; mais s'il met pied à terre, et s'age-

» nouillant, imite avec les deux coins de son bernous,
» qu'il élève et abaisse alternativement, le mouvement
» de son soufflet de forge, il sera épargné. »

## HARNACHEMENT.

Dans les belles peintures de Gros comme dans les
magnifiques tableaux d'Horace Vernet, la selle et la
bride arabes sont représentées à un point de vue très
pittoresque sans doute, mais, selon nous, insuffisant
pour en donner une idée exacte. La gravure et la li-
thographie ont bien pu également contribuer à ré-
pandre cette donnée poétique, et à la rendre, en quelque sorte, populaire ; mais si l'image du harnachement oriental est familière à tous, bien peu en ont
étudié et en comprennent l'emploi. On doit donc savoir gré au général d'en avoir donné, dans ce chapitre, une description technique et détaillée. Il y a
surtout un point sur lequel on nous pardonnera d'in-
sister, c'est la forme de l'étrier jointe au mode d'attache de l'étrivière. C'est là, selon nous, et autant que
nous avons pu le comprendre dans une expérience de
trois années consécutives, qu'est tout le secret de l'é-
quitation arabe. Que le lecteur daigne nous permettre
à ce sujet une courte digression.

La grille de l'étrier oriental, pleine et unie dans
toute son étendue, présente d'avant en arrière une
sorte de voussure assez marquée. Sa partie supérieure
figurant ainsi une portion de surface cylindroïde, s'a-
dapte et se lie parfaitement au pied nu et cambré du

cavalier arabe (1). Si ce cavalier est riche, et qu'il porte des souliers (*c'bat*) ou des bottines de maroquin (*t'mag*), cette chaussure est si légère et si fine qu'elle ne peut altérer en rien la souplesse du pied, ni diminuer l'adhérence de la voûte tarsienne à la grille de l'étrier.

En second lieu, la chape d'étrivière, qui, dans les selles d'Europe, est invariablement placée au premier tiers antérieur des bandes, se trouve, dans la selle arabe, à égale distance du pommeau (*kerbouss*) et du troussequin (2). L'étrivière étant d'ailleurs très courte, il en résulte que le pied du cavalier assis et convenablement posé sur le siége est rejeté en arrière, tandis que le genou se porte en avant, et la jambe prend alors une direction à peu près horizontale (3).

Il est clair que cette position ne peut convenir qu'à l'allure du pas. Quand le cavalier veut prendre le galop ou s'élancer à la charge, il se dresse tout d'abord sur les étriers. Alors son assiette et ses moyens de tenue subissent un changement complet : sa jambe, ramenée à la perpendiculaire et d'une fixité absolue, devient pour lui, en quelque sorte, une nouvelle base

(1) On sait que l'étrier arabe se porte entièrement chaussé.

(2) C'est ce qui explique pourquoi la sangle se trouve forcément attachée en avant de l'étrivière.

(3) Les officiers qui, comme nous, ont servi dans les spahis au temps où la tenue et l'équipement arabes étaient de rigueur, se souviennent sans doute de la gêne extrême qui résulte de cette flexion constante de la jambe, et des douleurs intolérables qu'elle cause dans l'articulation du genou avant qu'on en ait pris l'habitude.

d'opération, tandis que le haut du corps, élevé au-dessus du siége et n'ayant plus à se préoccuper des réactions du cheval, acquiert une liberté et une facilité de mouvements qui, aux yeux de l'observateur novice, semblent tenir de la magie.

Ce mode d'équitation n'est assurément pas exempt de difficultés, ni même de dangers. Sa mise en œuvre, si elle est poussée un peu loin, exige, sans contredit, à part le tact équestre, beaucoup de souplesse, de légèreté, de force et de hardiesse. Mais il n'en est pas moins vrai qu'on doit attribuer pour une large part aux moyens d'exécution fournis par le harnachement la grande puissance de tenue ou de conduite, l'adresse souvent merveilleuse, et la grâce toujours parfaite du cavalier saharien.

« Tout le luxe des Arabes, dit le général, est dans » le harnachement ; car si le Prophète a sévèrement » défendu l'or dans les habits, il l'a, par contre, au- » torisé, prescrit même pour les armes et les che- » vaux. Il a dit : *Celui qui ne craint pas de dépenser* » *pour l'entretien des chevaux de guerre sainte (djehad)* » *sera considéré, après sa mort, à l'égal de celui dont* » *la main aura toujours été ouverte.* »

Ces habitudes de luxe dans le harnachement sont également justifiées par une maxime poétique :

*Le koheul (1) embellit la femme,*
*La tribu embellit un défilé,*
*La selle embellit le cheval.*

(1) Sulfure d'antimoine qui sert à teindre les paupières.

## MÉDECINE VÉTÉRINAIRE.

La race arabe, illustrée par de vastes conquêtes dans les trois parties de l'ancien monde, a eu jadis d'héroïques destinées. Pendant cette magnifique période, la gloire des armes, sanctifiée par la foi religieuse, devait sans doute occuper la première place dans l'estime de tous les peuples soumis à la loi musulmane. Cependant, s'il faut en croire les romanesques annales de Bagdad et de Grenade, les arts et les sciences brillaient aussi d'un vif éclat à la cour des kalifes. La médecine vétérinaire, l'art modeste, mais précieux, de conserver et de guérir le cheval, ce sublime instrument de guerre et de propagande, y était surtout en grand honneur. Cette faveur générale, à part les prescriptions divines du Koran, lui était à la fois méritée par de savants traités conservés avec soin dans les bibliothèques, et par l'heureuse application qu'en faisaient journellement un grand nombre de praticiens habiles.

Depuis des siècles, les sciences et les arts ont émigré vers l'Occident. Comme si le flambeau de l'intelligence humaine, toujours égal, devait seulement d'âge en âge subir un déplacement providentiel, tandis que la lumière se faisait en Europe et parmi les nations chrétiennes, l'Orient se couvrait d'un voile épais, et les populations musulmanes retournaient lentement à la barbarie. Aujourd'hui la médecine vétérinaire n'existe plus, chez les Arabes, à l'état de science. C'est à peine si l'on en trouve encore, chez les *tholbas* (1), quelques rares vestiges. Dans la pratique, il ne leur reste plus que la tradition et l'empirisme.

Quel que soit, cependant, le degré d'obscurité ou de superstition religieuse qui cache aux yeux des Orientaux et dénature les secrets de l'art vétérinaire, on trouve encore de précieux renseignements dans leurs usages traditionnels. Les tares, les blessures et les affections diverses de l'extérieur y sont appréciées avec une rare intelligence, et traitées, il est vrai, par des procédés presque toujours violents, mais souvent efficaces. Leur pathologie interne, au contraire, témoigne d'une complète et profonde ignorance. Il est, en effet, à peu près impossible d'y découvrir autre chose que des données imaginaires servant de prétexte à des pratiques exclusivement superstitieuses.

Le général a mis un soin infini à recueillir toutes ces traditions. Il les a ensuite réunies par groupes distincts, pour les mettre autant que possible en harmonie avec notre classification systématique, et en rendre ainsi l'intelligence plus facile. On comprendra, sans doute, qu'une nomenclature aussi compliquée doit, par la précision de la forme ainsi que par la multiplicité des détails, échapper forcément à l'analyse. C'est un motif de plus pour que nous en recommandions expressément la lecture à l'officier studieux, et surtout à l'homme spécial. Ils y trouveront l'un et l'autre, au milieu d'un grand nombre d'idées étranges et d'opinions erronées, plus d'un utile enseignement. Il y a

(1) Pluriel de *thaleb*, savant, commentateur ou écrivain religieux.

surtout un fait peu connu sur lequel nous appelons toute leur attention, c'est la castration du cheval de guerre, beaucoup moins rare qu'on ne pense dans le Sahara.

La médecine vétérinaire, si elle a beaucoup perdu de sa valeur scientifique chez les Arabes, n'en est pas moins encore aujourd'hui, parmi eux, l'objet d'une sorte de respect religieux. Celui qui la professe, *thebib-el-khreil*, est pour ainsi dire, à leurs yeux, investi d'une fonction sacrée ; mais s'il est heureusement privilégié au point de vue de la considération et de l'estime générales, il est aussi tenu de remplir de grandes obligations. Sa science n'est pas son bien propre, mais celui de tous, et son premier devoir est le désintéressement. Il ne peut recevoir d'autre récompense qu'une généreuse et cordiale hospitalité. Il y a plus, quand au lieu de le faire appeler on va le consulter chez lui, son client devient son hôte, et s'il est pauvre la pratique de son art lui devient alors très onéreuse. « Quand on songe, dit le général, au rôle » providentiel que remplit le cheval dans la vie des » Arabes, il n'y a rien là qui puisse causer le moindre » étonnement. Pour les disciples de Mahomet, le » cheval est un instrument de guerre, et la guerre elle» même un moyen infaillible de propagande reli» gieuse. Celui-là porterait donc une véritable atteinte » au culte de Dieu et de la patrie qui voudrait ou en» fouir ou exploiter des connaissances étroitement » liées aux intérêts de la foi. »

## PARTI A TIRER DU CHEVAL INDIGÈNE.

Il existe en Algérie trois dépôts d'étalons : le premier à Koléah, le second à Mostaganem, et le troisième à l'Alclik, près de Bone. Ces dépôts sont organisés militairement et ont déjà donné d'excellents résultats ; mais, dans l'opinion du général, ils sont de beaucoup insuffisants pour un aussi vaste territoire. Il faudrait, selon lui, augmenter d'abord leur nombre, ainsi que leurs moyens d'action, et généraliser ensuite leur influence. Ce serait tout un système de reproduction à fonder et à développer dans les trois provinces. En tête de ce système devrait figurer un établissement de premier ordre, situé au cœur de la colonie, à l'est ou à l'ouest de la *Métidja.* « C'est là,
» dit le général, qu'une administration intelligente
» chercherait à former des sujets capables de rivaliser
» avec ces rares et dispendieux étalons qui jusqu'à
» présent ont seuls représenté la race arabe dans nos
» haras. C'est encore là que l'on placerait les plus
» beaux types de reproduction qu'il serait possible de
» se procurer dans les tribus du Tell et du Sahara, où
» la race s'est conservée la plus pure. La direction du
» haras central et des dépôts d'étalons, comme celle
» des remontes, resterait placée sous une même ad-
» ministration, celle de la guerre. Quand, par les
» nécessités de notre conquête, l'armée possède déjà
» dans notre colonie tant et de si vastes attributions,
» tout ce qui regarde le cheval doit être, sans con-
» teste, de son ressort. »

C'est qu'en effet le cheval algérien est pour nous le plus puissant et le meilleur de tous les moyens de domination. Il faut donc qu'il passe sans tarder du service arabe au service français. Mais ce n'est pas assez, dans la pensée du général, que de le faire servir à la gloire et au repos de notre colonie ; c'est notre patrie elle-même, c'est la France qui doit retirer honneur et profit de cette précieuse conquête. L'Algérie, en y comprenant la zone saharienne déjà soumise, ne compte pas moins de quatre-vingt mille chevaux de guerre. Quelle source inépuisable de richesses pour notre cavalerie légère ! Certes, nous comprenons parfaitement qu'on ne doive rien abandonner au hasard ; mais serait-ce donc risquer beaucoup et se lancer dans de grandes aventures que de monter en chevaux algériens un ou deux régiments de l'intérieur (1) ? Pourquoi n'y aurait-il pas également à Paris au moins un escadron de spahis d'élite ? Ce serait un moyen excellent d'initier les familles distinguées de l'Algérie à nos idées et à nos mœurs. Cette troupe légère, vêtue, équipée et montée à l'orientale, serait aussi d'un très bel effet dans nos cérémonies et dans nos fêtes militaires. Enfin on y verrait comme un nouveau trait de ressemblance avec des temps héroïques, et nos *spahis* seraient fiers de recueillir le glorieux héritage des *mameluks* de l'EMPEREUR.

(1) Le régiment des guides, par exemple.

## SECONDE PARTIE.

> Dehors! les étrangers dehors!
> Laissez les fleurs de nos prairies
> Aux abeilles de notre pays.
> Dehors! les étrangers dehors!
> *(Chant d'un Oulad Yakoub.)*

### INTRODUCTION.

La vie intime du cheval saharien nous est déjà connue. Le lecteur a pu le suivre d'abord, pour ainsi dire pas à pas, dans les phases diverses de sa première éducation de famille. Un peu plus tard il l'a vu docile et attentif aux enseignements du maître, subir avec une soumission exemplaire les travaux du dressage; enfin nous le lui avons montré dans les jeux et les fêtes publiques, essayant à la fois ses forces et son jeune courage, et préludant ainsi, par des exercices aussi brillants que hardis, à sa glorieuse destinée.

Aujourd'hui le héros du désert nous apparaît dans tout l'éclat de sa mâle beauté, tel qu'il doit être un jour de chasse et de bataille. Ses qualités apparentes sont la grâce, la légèreté et l'élégance; mais, en réalité, c'est un coursier vite et fort, sobre et endurci, courageux et patient. Il est en même temps le compagnon le plus dévoué et le serviteur le plus fidèle de son maître, « dans cette vie de luttes et d'aventures, » qu'il aime parce qu'elle est indépendante, *bénie de » Dieu et loin des Sultans.* »

Le noble Saharien et son cheval de guerre sont deux êtres si étroitement unis, ils vivent si exclusivement l'un par l'autre, qu'il est impossible de les étudier et de les mettre séparément en scène. Le lecteur va donc se trouver forcément introduit en pleines mœurs arabes. « Dans ces attaques, ces incursions, ces pillages, » ces vengeances, ces amours, ces fêtes et ces chasses, » le cheval joue son rôle, rôle le plus brillant quel- » quefois, le plus utile toujours. *Les chameaux*, dit » un chant populaire, *appartiennent à ceux qui savent* » *les défendre, et aussi le cœur des jeunes filles à ceux* » *qui savent manier un cheval.* »

Les populations du Sahara, groupées par tribus, ne sont, il est vrai, reliées entre elles par aucun gouverne- ment central (1) ; mais une communauté d'usages con- sacrée par les siècles et fondée sur la foi religieuse y tient lieu d'un pouvoir unique et régulateur souverain. La vie sociale et politique y est donc forcément subor- donnée à des règles absolues dont le plus grand, comme le plus petit, ne saurait s'affranchir sans danger. Ces règles traditionnelles, ayant pour base non des prin- cipes écrits, mais seulement des croyances respectées, n'en sont pas moins revêtues, aux yeux de tous, du caractère et de l'autorité de la loi. Elles ne servent guère, pour la plupart, il faut bien le dire, qu'à régula- riser et à réglementer le brigandage ; mais ce code, approprié à des mœurs demi-sauvages, où les excès de la force sont trop souvent justifiés, ne manque cependant ni de grandeur ni de noblesse. On y trouve comme

(1) Le général fait observer avec raison que la domination française, dont la sphère d'action s'étend chaque jour davantage au delà du Tell, doit nécessairement conduire tôt ou tard à une organisation générale et définitive des peuplades sahariennes.

un reflet des étranges et rudes mais glorieuses coutumes de notre ancienne chevalerie. Le noble saharien, l'homme de grande tente, n'est pas, en effet, sans quelque ressemblance avec le baron du moyen âge, célèbre par ses exactions, ses cruautés et ses vengeances, mais aussi par son brillant courage et son exquise courtoisie.

### LA RAZZIA.

« Pour l'Arabe, dit le général, la gloire n'est pas » seulement de la fumée, c'est aussi du butin. Le désir » de la vengeance est encore pour lui un puissant mo» bile; mais est-il plus belle vengeance que celle de » s'enrichir des dépouilles de son ennemi? » Ces trois mots, gloire, vengeance et butin, peuvent se résumer en un seul : *Razzia*. Néanmoins il est facile de comprendre que celui des trois mobiles qui domine dans l'action doit nécessairement lui imprimer un caractère particulier; aussi reconnaît-on dans la razzia trois variétés distinctes. Il y a d'abord la terrible *téhha*, synonyme de tuerie, de massacre et de carnage : elle répond à un besoin impérieux de vengeance aveugle et impitoyable ; vient ensuite la *krotefa*, mêlée de danger et de gloire, mais qui n'a d'autre but que le pillage ; enfin, en dernier lieu, on trouve la *terbigue*, qui n'est qu'une surprise de nuit, un coup de main audacieux exécuté à la dérobée par quelques hardis partisans.

*El Téhha.* — La tribu vient de recevoir un affront sanglant qu'elle brûle de venger. On ferre aussitôt les chevaux. Chaque guerrier, après avoir visité son harnachement, ses munitions et ses armes, place dans ses besaces de l'orge et des vivres. Quelques *chouaffin*

(coureurs, espions) sont détachés pour aller, en faisant
un détour , reconnaître la tribu ennemie. Le cheik
donne le signal ; on monte à cheval , sans bruit , au
coucher du soleil , et l'on part.

Vers le milieu de l'une des nuits suivantes (1), le
*goum*, après avoir, lui aussi, fait un grand détour, arrive
du côté où il doit être le moins attendu , et s'arrête à
une petite distance des tentes ennemies. Les *chouaffin*
sont rentrés. D'après leurs indications, le cheik déter-
mine les différents points d'attaque. Chaque colonne
s'avance alors par des chemins détournés , se glisse
silencieusement, et pénètre , sans être aperçue, jusqu'aux abords du camp.

Aux premières lueurs du matin, la tribu envahie est
réveillée en sursaut par des cris de vengeance et de
mort. C'est l'heure où

> *La femme est sans ceinture ,*
> *Et la jument sans bride.*

A ces clameurs se mêle aussitôt le bruit de la fusil-
lade. Un affreux désordre règne dans tout le camp ,
et l'air retentit de gémissements lamentables. Tandis
que les femmes et les enfants, épargnés, mais frappés
de terreur, fuient au hasard, les guerriers, surpris et
demi-nus, sont impitoyablement massacrés. Enfin, il
ne reste plus debout une seule victime expiatoire. Un
instant le vainqueur contemple avec orgueil les mou-
rants et les cadavres épars autour de lui, puis il songe

(1) Les deux tribus rivales sont souvent séparées par une distance de plus de soixante lieues.

au butin. La conduite de ces sanglantes dépouilles est confiée à un petit nombre de cavaliers, tandis que le gros de la troupe suit à distance, prêt à repousser tout mouvement offensif de l'ennemi. C'est dans cet ordre que le goum rentre au camp, où son retour est célébré par des chants de fête et de triomphe.

Parmi les insultes que ressent le plus vivement une tribu du désert, il faut compter celles qu'amènent souvent les rivalités et les querelles amoureuses. Il est rare qu'une passion dédaignée ou trahie ne soit pas considérée comme un outrage fait à tous les guerriers frères d'armes de l'amant malheureux. Le général cite à ce sujet un chant populaire empreint d'une poésie mâle et passionnée. Ces images, tracées en caractères de feu, peuvent seules donner la mesure des désirs immodérés et des instincts sauvages du guerrier saharien.

C'est l'amant délaissé ou méconnu qui pousse lui-même le cri de vengeance et de guerre. Il vante d'abord la beauté, la force et le courage de son cheval :

> Plus blanc que la neige,
> Il bondit comme la gazelle,
> Et le ramènera vainqueur
> A la tente de ses pères.

C'est lui, c'est *M'brouk* qui va l'aider à reconquérir la belle *Yamina*; *Yamina* qu'il aime et que son cœur a suivie dans sa fuite. O honte ! ô trahison ! Où sont les chiens, les fils de Juifs qui la cachent à ses yeux ? Il les insulte et les défie :

« Par Dieu, ô les vautours,
» Pourquoi nagez-vous dans les airs?
» Je demande à Dieu qu'il nous donne un de ces combats sanglants
» Où chacun puisse mourir avec sa chair.
» Vous passerez les jours et les nuits à vous repaître.
» Mon Dieu! faites que je reçoive sept balles dans mon bernous,
» Sept balles dans mon cheval.
» Mais qu'avant j'en aie placé sept dans le corps de mon rival.
» Le meilleur des amours est celui qui fait grincer les dents. »

Ses vœux cruels sont exaucés : il a vu avec délices couler le sang de son ennemi préféré, et craché sur son cadavre. Il est vengé ! Mais, hélas ! son cheval, *M'brouk*, l'orgueil du pays, n'est plus :

« Sanglant et blessé,
» Pour ne pas mentir à ses aïeux,
» Il a pu sauver son maître
» Et le tirer de la mêlée,
» Mais ses jours étaient comptés. »

Il est mort pour *Yamina* l'infidèle ! En pensant à cette femme astucieuse et perfide pour laquelle il a tant sacrifié, le guerrier sent son cœur mollir et s'affaisser sous le poids de la douleur. Il pleure, et son chant s'éteint dans un dernier soupir de tristesse amère et désespérée.

« O mon cœur, pourquoi t'obstiner
» A faire remonter les eaux vers la montagne ?
» Tu es l'insensé qui poursuit le soleil !
» Crois-moi, cesse d'aimer une femme
» Qui ne te dira jamais : Oui.
» Le grain semé dans une *sebka* (1)
» Ne produira jamais d'épis. »

(1) Terrain salé et stérile.

*El Krotefa.* — L'honneur de la tribu n'a reçu aucune grave atteinte. Sans doute *la poudre va parler ;* mais c'est pour un riche et glorieux butin, et non pour la vengeance. Cependant, comme, entre les populations sahariennes, les prétextes de fraude et de violence ne manquent jamais, la *krotefa* (rapine) s'exécute presque toujours à titre de représailles.

Il s'agit d'enlever un troupeau de chamelles qu'une tribu du voisinage, sinon *ennemie,* du moins *rivale* ou seulement *étrangère,* vient d'envoyer imprudemment au pâturage, sous la garde de quelques cavaliers. A cette nouvelle, apportée par des maraudeurs trop faibles pour tenter seuls l'entreprise, cent ou cent cinquante cavaliers se réunissent aussitôt en *akeud* (alliance, nœud), montent à cheval, et partent un peu avant le jour.

A midi on est arrivé en vue du troupeau ; on s'arrête dans un endroit abrité, et l'on se repose. Entre trois et quatre heures, le *goum* fond à l'improviste sur les gardiens qu'il tue ou disperse, et pousse ensuite devant lui le troupeau, dont la trace est doublement dérobée à l'ennemi par une fausse direction et par les ombres de la nuit.

*El Terbigue.* — Ces coups de main et ces surprises sont habituellement le fait de partisans ou d'aventuriers. Quinze ou vingt cavaliers, réunis en *akeud,* arrivent par une nuit des plus obscures près du campement ennemi. Ils choisissent le douar le plus isolé, et s'embusquent aussi près que possible. Alors trois hommes mettent pied à terre. Tandis que l'un d'eux contourne le douar et va, du côté opposé, faire du

bruit pour attirer les chiens, les deux autres, demi-
nus et silencieux, se glissent à plat ventre, comme
des reptiles, au milieu des tentes, et détachent doucement tous les chameaux qu'ils rencontrent. Tout à
coup ils poussent des cris d'alarme ; les animaux, ef-
frayés, fuient en désordre, et sont recueillis au dehors
par les partisans embusqués. Pendant une demi-heure
le douar demeure plongé dans une confusion extrême ;
quand l'ordre renaît et que la défense s'organise, il
est déjà trop tard. Les guerriers montent à cheval et
s'élancent à la poursuite des ravisseurs ; mais ceux-ci
ont déjà une grande avance, et fuient à toute vitesse,
protégés par la nuit.

## KRIANA (*Vols*).

« La *terbigue*, dit le général, est un vol ; mais en-
» core est-ce à peu près la guerre. C'est la razzia mo-
» difiée et amoindrie ; mais de braves enfants perdus,
» des cavaliers, se sont exposés pour nuire à une tribu
» rivale ; il ne peut donc y avoir que joie et triomphe
» pour celle dont ils font partie. »

Maintenant nous descendons à un degré de beaucoup inférieur, où toute gloire s'éteint et où cesse tout
prestige. Les krianas sont de simples maraudes, des
vols de bas étage, commis le plus souvent par des
bandits de profession. Il est rare que les vrais cavaliers du goum s'y trouvent engagés. Cependant, ces
drames nocturnes, conçus et exécutés avec une in-
croyable audace, présentent quelquefois des péripéties d'un vif intérêt. Ils sont d'ailleurs trop dans l'es-

prit, dans le goût et dans les mœurs des populations sahariennes, pour ne pas trouver grâce devant elles. On a coutume de dire : *Un tel est un brave : il vole l'ennemi.*

Le général expose et raconte avec une grande fidélité de détails les différentes espèces de vol. Chaque spécialité est en effet revêtue d'un caractère qui lui est propre, et réclame exclusivement des moyens d'action particuliers. Ainsi, un vol de chevaux diffère essentiellement d'un vol de chamelles, qui lui-même se pratique tout autrement qu'un vol de moutons. Les principes généraux du voleur se résument habituellement dans un dicton populaire :

> *En hiver, les vols de bestiaux, parce que le chien dort sous la tente ;*
>
> *En été, les vols sous la tente, parce que le chien va dormir au loin.*

Ce chapitre, écrit simplement, au courant d'une plume élégante, mais facile et presque familière, montre sans contredit au lecteur une des faces les plus étranges et les plus pittoresques de la vie du désert.

### CHASSE A L'AUTRUCHE.

« Il y a dans le désert deux manières principales » de chasser l'autruche : la chasse à cheval et la chasse » à l'affût.

» La vraie chasse est la chasse à cheval. Elle est à » l'affût ce qu'est en Europe la course à l'arrêt ; plai- » sir de cavalier, de gentilhomme et de roi, et non » métier de braconnier et de fantassin. »

*Chasse à cheval.* — La vie habituelle du cheval

saharien, malgré ses travaux, ses privations et ses fatigues, est encore insuffisante pour lui donner la légèreté, la vigueur et l'haleine nécessaires à la chasse de l'autruche. Il doit donc y être préparé par un régime tout spécial. Ce régime, que nous allons indiquer, a pour résultat certain de diminuer le poids de l'appareil musculaire, tout en augmentant son énergie rétractile, et d'obtenir par la réduction du ventre une plus grande dilatation relative de la poitrine. N'est-ce pas dans ce procédé, en usage de temps immémorial chez les Arabes, qu'il faut encore chercher l'idée première de l'*entraînement* ?

Sept ou huit jours avant le départ pour la chasse, le cheval ne reçoit plus d'autre nourriture que l'orge. Il ne boit qu'une fois par jour, au coucher du soleil. Dans la matinée il a dû faire une longue course entremêlée de pas et de galop. Après une semaine de ce régime, le ventre disparaît, tandis que l'encolure, le poitrail et la croupe, dégagés, mais en chair, acquièrent une finesse et une densité remarquables. Alors l'*entraînement* (*tohaha*) est terminé ; le cheval est en condition, et peut être aussitôt mis en chasse. Son harnachement se compose d'une selle sans poitrail ni *stara*, avec deux feutres seulement, à kerbous très bas et pourvue d'étriers légers. Une simple corde, fine et forte, en poil de chameau, soutient le mors. La sangle et les rênes doivent seules, sous un faible volume, offrir une grande résistance. La tenue du cavalier est aussi allégée, et il n'a d'autre arme qu'une sorte de javeline en bois de tamarin ou d'olivier sauvage. Il est invariablement suivi d'un domestique ayant pour monture un chameau chargé d'orge , d'eau et de vivres.

On est en plein désert et au plus fort de l'été. Le *goum* part en bon ordre dans la direction indiquée par ses éclaireurs. Sa marche , rapide pendant les deux ou trois premiers jours, se ralentit ensuite , à mesure qu'il approche des herbages où pâturent les autruches. De temps à autre il s'arrête, examine, écoute, puis avance encore. Enfin il est arrivé : les traces fraîchement imprimées sur le sable ne laissent plus aucun doute. Le chef du *goum* donne aussitôt le signal ; les chameaux s'arrêtent, et la chasse commence ; chasse vraiment royale, où le cheval remplit à la fois le premier et le plus beau rôle.

Qu'on se figure une compagnie de cinquante à soixante autruches , cernées à une grande distance d'abord et hors de vue, par une douzaine de cavaliers décrivant ainsi un immense périmètre et marchant sur le centre commun. Les autruches , une fois en éveil, cherchent, sans se désunir , à sortir de ce cercle , et vont successivement se heurter à tous les points de la circonférence. On comprend tout ce qu'il faut de légèreté , de fond et de vigueur au cheval , de tact et d'adresse au cavalier, pour garder toujours à propos le point menacé sur une courbe aussi prolongée. Cependant , les autruches parcourant ainsi plusieurs fois, sans s'arrêter, le diamètre du cercle , perdent peu à peu de leurs forces, tandis que chevaux et cavaliers , ayant quelques intervalles de repos, en profitent pour reprendre haleine. Bientôt elles se dispersent et étendent leurs ailes , ce qui est un indice certain que la lassitude et l'épuisement sont près d'arriver à leur dernière limite. Alors les cavaliers les poursuivent l'une après l'autre, et, les gagnant de vitesse, les frappent à la tête de leur javeline. Il est rare qu'un chasseur adroit n'abatte pas sa victime du premier coup. Dès qu'il la voit rouler sur le sable, il met aussitôt pied à terre, et la saigne avant qu'elle ne soit revenue de son étourdissement.

*Chasse à l'affût.* — La chasse à l'affût n'est possible qu'à l'époque de la ponte ; elle rentre tout à fait dans la spécialité du trappeur et du braconnier. On n'y trouve donc, au point de vue équestre, qu'un faible intérêt ; mais elle a fourni au général l'occasion de donner sur les mœurs et les habitudes des autruches des détails si peu connus, si curieux et si spirituellement racontés, qu'à ce titre au moins elle mérite l'attention du lecteur.

Pour l'affût, les chasseurs sont à pied et armés de leurs fusils. Ils creusent habituellement deux trous, le plus près possible du nid qu'ils ont découvert, s'y installent ensuite, et le recouvrent d'herbes sèches, de manière à ne laisser passer que le bout de leur fusil. Cette opération se fait toujours pendant que la femelle couve. Si le mâle était effrayé, il emmènerait la femelle avec lui, et ni l'un ni l'autre ne reviendraient plus, tandis que, si elle se sauve auprès de lui au pâturage, il la bat, et la force de revenir à son nid. « La femelle » couve depuis le matin jusqu'à midi ; pendant ce temps, » le mâle va au pâturage ; à midi il rentre, et la femelle » va paître à son tour. Le soir elle revient, et se place » à quatre ou cinq pas du nid, faisant face au mâle, qui

» couve toute la nuit. » Les chasseurs, une fois installés
dans leur trou , attendent patiemment le retour du
mâle ; qu'il est toujours de règle de tuer le premier.

Le temps des amours de l'autruche est le mois
d'août. La femelle y met beaucoup de coquetterie,
tandis que le mâle , consumé de désirs, la poursuit
pendant plusieurs jours, ne boit pas, ne mange pas,
et ne cesse pendant ce long martyre de faire entendre
des gémissements plaintifs. Il est juste de dire que la
femelle dédommage ensuite, par une tendre et constante affection, et par une fidélité inaltérable, son
heureux époux, qui lui-même remplit ses devoirs de
mari en conscience. La saveur du fruit défendu leur
est également, à l'un et à l'autre, inconnue. Dans
cette espèce privilégiée, il n'y a ni passions, ni combats, ni volages amours : l'union de chaque couple
est toujours heureuse et respectée.

L'autruche mâle a pour ses petits une tendresse
attentive, vigilante, et surtout courageuse. Si leur
vie ou seulement leur liberté est menacée, il s'élance
sur l'agresseur, quel que soit le danger, et quand il
se sent vaincu, la douleur paternelle lui arrache des
cris de désespoir. La femelle, au contraire, s'effraie
vite, et dans sa peur abandonne tout, même ses petits.
« Le mâle (*Délim*) n'a d'ailleurs, au désert, d'ennemi
» véritablement à craindre que l'homme. Il résiste au
» chien, au chacal, à l'hyène, à l'aigle ; l'homme seul
» en triomphe. »

### CHASSE DE LA GAZELLE.

La chasse de l'autruche n'est pas seulement une distraction de grand seigneur, entremêlée de glorieuses fatigues, un royal amusement de noble Saharien, dans lequel il joue quelquefois sa vie et celle de son cheval : c'est aussi une entreprise lucrative. Personne n'ignore en effet que les plumes de cet hôte ailé du désert sont dans le monde entier l'objet d'un commerce important. La chasse de la gazelle, au contraire, ne rapporte ni gloire, ni profit. « C'est un exercice, un jeu, une simple partie de plaisir. »

La gazelle se chasse quelquefois à pied ; alors elle est tirée à l'arrêt et tuée par surprise. « Mais ce n'est » pas là, dit le général, le plaisir de l'homme de dis» tinction, du chevalier. Le grand seigneur ne se » permet que la chasse à courre. Il ne tue pas, il force.»

Ici le cheval n'est plus seul à partager avec le chasseur les fatigues ainsi que l'honneur de l'entreprise, et un nouvel acteur entre en scène. Ce nouveau personnage, avec lequel nous allons faire bientôt plus ample connaissance, est le lévrier (*slougui*). Les préliminaires sont d'ailleurs à peu près les mêmes, sauf *l'entraînement*, que ceux en usage pour la chasse de l'autruche. Un *goum* de cavaliers se réunit ; il part dans la direction des gazelles, dont il est souvent séparé par plusieurs journées de marche. À un quart de lieue du troupeau (*djelliba*), les chiens sont lâchés. « Ils partent comme la flèche, et les chasseurs les » excitent encore par des cris et d'affectueuses invo» cations : *mon fils, mon frère, mon seigneur, mon*

» *ami*, *elles sont là*..... » Néanmoins il est rare qu'un lévrier de première force atteigne les gazelles et pénètre au milieu du troupeau avant d'avoir couru deux et trois lieues à toute vitesse.

« Alors, dit le général, le spectacle a vraiment des
» péripéties du plus vif intérêt. Le lévrier de race
» choisit le plus bel animal du troupeau et s'élance :
» une lutte s'engage, lutte de vélocité et d'adresse :
» la gazelle se détourne, pointe à gauche, à droite,
» bondit en avant, en arrière, saute même par-dessus
» le lévrier. Tantôt elle cherche à lui faire pèrdre sa
» trace, tantôt à le frapper de ses cornes ; mais toutes
» ces évolutions ne la sauveront pas ; infatigable, ar-
» dent, son ennemi la presse. Au moment d'être
» atteinte, elle brame, pousse des cris plaintifs : c'est
» son chant de mort ; c'est le chant de victoire du
» lévrier, qui s'élance, et d'un seul coup de dent
» brise l'encolure gracieuse et fine de sa victime. »

### LE LÉVRIER (*slougui*).

Dans le Sahara, comme chez les peuples civilisés, le chien de garde n'est presque toujours pour l'homme qu'un valet importun et disgracié. Compagnon des plaisirs du riche, et utile pourvoyeur du pauvre, le lévrier seul a l'estime, la considération et la tendre affection de son maître. Le chasseur de grande tente met un noble orgueil à n'avoir auprès de lui que des animaux de pure race ; il surveille leurs croisements avec un soin extrême, et proscrit absolument toute relation avec ceux dont l'origine n'est pas au moins égale en illustration. Une levrette (*slougaia*) qui s'est

souillée au contact d'un chien de berger, paie habituellement de sa vie cette honteuse mésalliance.
« *Comment*, lui dit son maître, *toi, une chienne de*
» *race, tu te prostitues à des roturiers! Que ton crime*
» *meure avec toi!* »

Il y a dans les soins empressés que reçoit le petit
lévrier une grande analogie avec les tendres attentions prodiguées au jeune poulain après sa naissance.
Dès qu'une levrette a mis bas, les visiteurs arrivent
aussitôt en grand nombre et se succèdent sans inter-
ruption. Ils entourent le maître, et le comblent de
présents ou de flatteries, pour obtenir quelque nou-
veau-né. Chacun lui dit : « *Je suis ton ami, je t'en*
» *prie, donne-moi ce que je te demande; je t'accompa-*
» *gnerai dans les chasses.....* »

Dès l'âge de trois mois, le jeune lévrier, conduit
par un enfant, commence à chasser la gerboise. Vers
le sixième mois, on le lance sur la trace du lièvre, et
un peu plus tard, du lièvre il passe aux petits de la
gazelle. A un an, le lévrier a acquis son entier développement, mais ses forces ne sont pas encore tout à
fait venues, et il n'est conduit à la grande chasse qu'à
la fin de la seconde année. Les Arabes ont coutume
de dire :

> *Le levrier après deux ans.*
> *L'homme après deux jeûnes.*

Le lévrier passe, dans le Sahara, pour être intelli-
gent et plein d'amour-propre, voire même de vanité.
De plus, son éducation délicate et aristocratique lui
donne en même temps des goûts distingués et des

façons dédaigneuses. Il a très grand air, et se montre peu familier, sinon avec son maître. Un *slougui* de race ne mange ni ne boit jamais dans un vase sale, et refuse le lait dans lequel on a plongé la main. Comme le cheval de course, il est très-frileux et chaudement enveloppé en hiver. On lui prodigue aussi le kous-koussou, le lait et les dattes, et son cou est orné de talismans ou d'amulettes qui doivent le préserver du *mauvais œil*. Enfin, comme dernier trait de ressemblance, il reçoit aussi fréquemment sur les articulations l'application du feu.

Quelquefois un *slougui* pourvoit seul à la nourriture d'une famille entière. Alors il ne se vend jamais. Sa mort est un deuil pour toute la tente. Les femmes et les enfants le pleurent comme un fils, comme un frère, les hommes comme un ami.

### CHASSE AUX FAUCONS.

Pour ne rien omettre des goûts, des habitudes et des prouesses cynégétiques du désert, il faut aussi donner au faucon une mention honorable. Chose étrange! aujourd'hui encore, dans le Sahara comme autrefois les seigneurs de nos campagnes, l'homme de grande tente, le noble (*djouad*), chasse réellement au faucon. En lisant ce chapitre, on est tenté de se croire en plein moyen âge. La capture de l'oiseau de proie, son asservissement, son apprentissage et son emploi à la chasse sont à peu près les mêmes. Seulement le perchoir doré dans la salle d'honneur du château est remplacé sous la tente par une branche d'olivier sauvage. Le faucon est toujours chaperonné, excepté au moment de ses repas, qui lui sont servis par son maître, et il ne sort jamais qu'avec lui ou par son ordre. En chasse, le seigneur, à cheval, porte son faucon chaperonné sur le poing ou sur l'épaule. Dès qu'un lièvre est lancé, il démasque l'oiseau. Celui-ci pointe en l'air, fond sur sa proie, la terrasse et la tue.

Le faucon est très rare dans le Sahara. Son prix excessif, qui dépasse souvent celui d'un beau cheval, en fait un objet de luxe, même pour les plus grands chefs. S'il est de race, il ne se nourrit que de chair saignante. Le noble Saharien assez heureux pour posséder un faucon ne s'en sépare jamais, et porte avec orgueil, comme autant de marques de distinction et de *gentilhommerie*, certaines taches faites à son burnous par son inévitable compagnon de chasse et de voyage.

### GUERRE ENTRE LES TRIBUS DU DÉSERT.

« Une caravane a été pillée, les femmes de la tribu » ont été insultées ; on lui conteste l'eau et les pâtu- » rages. Voilà de ces griefs que la *razzia*, fût-ce la » terrible *téhha*, ne suffirait pas à venger. »

Les chefs, réunis en conseil, ont décrété la guerre. Ils envoient en grande hâte des messagers à toutes les tribus du *sof* (confédération, ligue). Ces envoyés sont toujours choisis parmi les hommes les plus sages et les orateurs les plus habiles. Pour assurer le succès de leur mission, ils sont chargés de remettre secrète- ment de riches cadeaux aux chefs les plus influents. Dès qu'ils sont revenus, surtout s'ils apportent de bonnes nouvelles, les hommes poussent des cris de joie, prennent les armes, montent à cheval, et le *goum* se met en marche. Les plus belles entre les filles et les épouses des nobles, celles qui, par leurs charmes, commandent au cœur des guerriers, suivent l'expédition. Tout ce qui est jeune et fort parmi les hommes, cavalier ou fantassin, marche à la gloire, au droit, à la vengeance. Il ne reste plus au camp que les femmes âgées, les enfants et les malades, sous la garde des vieillards.

La réunion des contingents au lieu et au jour fixés est célébrée par une brillante fantasia, suivie d'une *diffa* magnifique. Les alliés sont devenus des hôtes, et on ne saurait trop leur faire honneur. Après le festin, les visites, les réceptions et les causeries se prolongent assez avant dans la soirée. Le lendemain, au lever du soleil, on ploie les tentes, on charge les bagages, les cavaliers montent à cheval et les femmes prennent place dans leurs palanquins (*ataliche*). Avant de partir, les chefs du *sof*, en grand appareil, et groupés au centre, prêtent à haute voix un serment solennel.

« *O nos amis ! jurons par la vérité du livre saint* » *que nous sommes frères, que nous ne ferons qu'un* » *seul et même fusil, et que si nous mourons, nous* » *mourrons tous du même sabre......* »

Le signal est donné. « Un homme de haute nais-» sance (*djied*), le plus grand parmi les chefs, se met » en marche, suivi de ses guerriers et de ses femmes. » Alors tout s'ébranle, tout se met en mouvement. » L'œil est ébloui par ce pêle-mêle étrange et pitto-» resque ; cette foule bigarrée de chevaux, de guer-

» riers et de chameaux portant des femmes invisibles
» et cachées sous leurs riches baldaquins. » La colonne
s'allonge, inégale et onduleuse, suivant les difficultés
du chemin. De jeunes cavaliers, ardents ou insou-
cieux, s'élancent à l'horizon, ou s'éparpillent sur les
flancs, moins en éclaireurs qu'en chasseurs. Au milieu de cette marche, bruyante, joyeuse et désordon-
née, chacun songe à l'aventure, et non à la fatigue,
à la gloire, et non au danger. Le son modulé des
flûtes se mêle au bruit des tambourins, et cette mu-
sique primitive ne se tait que pour laisser entendre
par intervalles un chant d'amour ou de guerre.

Vers la fin du jour, quand l'ombre et la fraîcheur
commencent à monter du fond des vallées, on s'arrête et l'on campe. Les tentes sont dressées, les chameaux s'agenouillent en grognant pour déposer leur
précieux fardeau ; les chevaux, débarrassés de la selle
et de la bride, s'ébrouent et poussent de joyeux hen-
nissements. Tandis que les nègres vont à l'herbe, à
l'eau et au bois, les femmes préparent le repas du
soir ; les chefs font ou reçoivent des visites ; chacun
marche et s'agite ; mille scènes variées donnent à cet
ensemble un aspect plein d'originalité et de charme.

Mais bientôt la nuit est venue. Les voleurs n'ont
pas été seuls à l'attendre, et son voile épais cachera
plus d'un tendre mystère. Les jeunes et ardentes pé-
cheresses du désert ne le cèdent ni en désirs, ni en
volonté, ni en ruse à celles de notre vieille Europe.
Le général raconte avec une gracieuse et spirituelle
réserve de charmants détails sur ces amours du désert. L'obscurité est profonde, les feux sont éteints,

et aucune clarté ne luit à travers les ténèbres (1).
Dans cette ombre, dans ce silence, le bruit seul peut
trahir. Qu'importe le danger? *La juive seule surpasse
Satan en malice, mais après Satan vient la musulmane.*
La fille d'Ève se retrouve partout, plus encore sous le
haïk que sous l'hermine.

La petite armée poursuit ainsi paisiblement, pendant plusieurs jours, sa marche insouciante et joyeuse.
Seuls les chefs sont calmes, graves et réfléchis. Sur
eux, en effet, pèse toute la responsabilité de l'entreprise; à eux aussi doivent revenir les plus gros
bénéfices. Ils pensent tantôt au butin, tantôt au danger, se concertent et méditent.

Cependant la tribu menacée est sur ses gardes.
Prévenue à temps par des parents ou des amis secrets,
elle sait maintenant combien l'ennemi compte de
cavaliers et de fantassins, le chemin qu'il a suivi et la
distance qui l'en sépare. Que fera-t-elle? Si ses alliés
se sont montrés fidèles, et si elle a foi dans le nombre
comme dans le courage de ses guerriers, elle se con-
fiera bravement au sort des batailles. Si les secours
lui ont manqué et si elle a conscience de sa faiblesse
elle ne fuira pas, mais elle achètera la paix par des
concessions habilement ménagées, et, s'il le faut, par
d'humiliants sacrifices. Une tribu du désert ne fuit
jamais : ce serait s'éloigner de son pays, s'exposer à
manquer d'eau dans une contrée étrangère, c'est-à-
dire ennemie, et courir la chance fatale d'être poursuivi et attaqué dans le désordre d'une retraite.

Voici comment procède une tribu surprise ou

(1) L'huile et la cire sont inconnus dans le Sahara.

abandonnée, que son isolement mettrait à la merci de l'agresseur. Pendant que celui-ci chemine à petites journées, elle charge ses marabouts d'aller négocier avec lui une paix honorable. Ces hommes de Dieu, très versés néanmoins dans les choses de la terre, pénètrent au milieu de la nuit dans le camp ennemi, et sous la tente de quelque chef important secrètement prévenu. Après avoir tiré de leur *djebira* quelques arguments irrésistibles dont l'effet est toujours certain, ils se font présenter successivement à d'autres personnages influents auprès desquels ils emploient avec le même succès les mêmes moyens de persuasion. Alors seulement ils exposent le sujet de leur mission. Le traité est aussitôt débattu pour la forme, puis conclu séance tenante et juré sur le livre saint. Le lendemain, au grand désappointement du populaire et des pillards de profession, la paix est proclamée dans les deux camps, qui se rapprochent alors et célèbrent à l'envi leur réconciliation par des fêtes splendides.

Mais la tribu a reçu de puissants secours ; ses cavaliers sont nombreux, ses fantassins aguerris, elle est forte et résolue ; sa cause est juste : elle accepte le combat. C'est en vain que les chefs des assaillants ont, pendant les derniers jours, prudemment ralenti leur marche, pour lui donner le temps de la réflexion ; elle n'a adressé aucun message. Déjà ses tentes sont en vue : confiante dans sa force et dans son droit, elle attend, sur un terrain heureusement choisi, que l'ennemi s'avance et que *la poudre parle.*

Le lendemain, aux premiers rayons du soleil, les

deux troupes en armes se font face. Dans l'espace vide qui les sépare, les éclaireurs des deux partis s'agitent et échangent quelques coups de fusil entremêlés de paroles injurieuses. Bientôt, sur un signal des chefs, ils se retirent par les ailes, et découvrent en même temps l'un et l'autre front de bataille. Chaque tribu s'avance dans l'ordre suivant : les cavaliers marchent en avant, sur une ou plusieurs lignes, et rangés en haie, comme nos anciens hommes d'armes. Derrière eux, formant une ligne parallèle, les femmes, montées sur les chameaux et protégées par les fantassins, suivent à une faible distance. Les chefs marchent au centre, entourés de leurs guerriers les mieux montés et les plus braves.

*La poudre a parlé.* Une clameur menaçante s'élève dans les deux armées ; les cavaliers, frémissants d'impatience, se dressent convulsivement sur leurs étriers ; les chevaux se cabrent et pointent, tandis que les fusils, habilement lancés, décrivent en l'air des courbes brillantes. Tout à coup de jeunes et hardis cavaliers s'élancent tête baissée. Ils sont aussitôt suivis par leurs amis et leurs frères d'armes, emportés comme eux par la soif du sang. En un instant les deux troupes s'abordent, se choquent et se confondent dans une étourdissante et sanglante mêlée.

La lutte acharnée, impitoyable, tourbillonne et se déplace en sens divers, suivant les alternatives du moment. Mais bientôt la chance tourne : un des deux partis faiblit ; déjà il recule et se replie sur les chameaux qui portent les femmes. Alors celles-ci poussent des cris de colère et de rage, et accablent leurs maris,

leurs frères, leurs fiancés de sanglantes imprécations.
« *Les voilà, ces fameux guerriers qui chevauchaient*
» *avec des étriers blancs et des vêtements splendides dans*
» *les fêtes et les noces ! Les voilà qui fuient maintenant*
» *et abandonnent jusqu'à leurs femmes. Oh ! les lâches !*
» *les fils de juifs ! Mettez pied à terre, nous monterons*
» *vos chevaux , et vous ne compterez plus parmi les*
» *hommes.* »

A ces cris furieux , à ces paroles méprisantes , le
rouge de la honte monte au front des cavaliers. Ils
s'avancent de nouveau , soutenus par les fantassins,
et , d'un vigoureux effort, repoussent l'ennemi jusque
sur le premier champ de bataille. Le combat , un instant rétabli , présente encore quelques alternatives
disputées, quelques émouvantes péripéties ; mais les
forces sont épuisées ; la terre , inondée de sang, est
couverte de cadavres d'hommes et de chevaux ; les
plus vaillants guerriers sont tombés : la lutte va finir.
Seul, le chef de la ligue, à la tête de ses fidèles, arrête
encore un instant l'ennemi vainqueur. Mais c'est en
vain qu'il prie et menace : sa voix n'est plus écoutée.
Dans un suprême élan de douleur et de désespoir ,
l'héroïque vieillard va se jeter au plus fort de la mêlée
pour y mourir , lorsqu'il est entouré par les jeunes
gens, qui détournent son cheval, et le supplient de
ne point sacrifier inutilement sa vie : « *Tu es notre*
» *père ; que deviendrons-nous si nous venons à te perdre ?*
» *C'est à nous de mourir pour toi : nous ne voulons pas*
» *rester comme un troupeau sans berger.* »

Le chef de la ligue cède enfin aux prières et aux

larmes. Dès ce moment, les plus braves ne songent plus qu'à sauver leurs femmes et leurs biens. La déroute est si complète, il y a dans la fuite un tel désordre et un tel abandon, que la ruine du vaincu serait inévitable, si le vainqueur n'était retenu sur le lieu même du combat par l'attrait immédiat et irrésistible du butin. Quand le pillage est terminé, toute poursuite est devenue inutile ; les fuyards ont déjà une grande avance, la nuit vient, et ce n'est pas trop des dernières lueurs du jour pour mettre en sûreté leurs riches dépouilles.

### COUTUMES DE GUERRE.

Le Saharien, à égalité de naissance et de condition, est incontestablement supérieur à l'Arabe du Tell, en noblesse, en courage et aussi en humanité. C'est surtout dans les coutumes de guerre qu'il montre dans tout leur jour sa distinction native et sa générosité chevaleresque. Les cruautés en usage chez les tribus du littoral lui sont inconnues. Au désert on ne coupe jamais les têtes, et l'on a horreur de mutiler les cadavres. On n'y fait même pas de prisonniers : l'ennemi désarmé est rarement poursuivi, et l'ennemi blessé est souvent recueilli et secouru. Le guerrier saharien témoigne surtout d'un profond respect pour les femmes. Elles sont quelquefois dépouillées, dans le désordre de l'action, par les vagabonds et les gens du peuple ; mais les chefs tiennent à honneur de les renvoyer à leurs maris, avec leurs chameaux, leurs bijoux et leurs parures ; quelques uns poussent même la galanterie jusqu'à leur offrir de riches vêtements en échange de ceux qui leur ont été dérobés.

Le partage du butin après la victoire est assujetti à certains usages ayant force de loi même pour les plus grands chefs. Ainsi chacun conserve la prise qu'il a pu faire en équipement de guerre, vêtements et armes ; mais tout ce qui est troupeau, tentes, meubles, etc., est exactement partagé. C'est ce qui explique pourquoi les vaincus sont rarement poursuivis. Cette règle générale renferme d'ailleurs un grand nombre de cas particuliers. Le plus habituel est celui-ci : Tout cavalier qui en tue un autre à la guerre devient, par ce fait, le possesseur légitime du cheval, des vêtements et des armes du mort. *Il a risqué sa vie pour avoir une vie : il aura à répondre devant Dieu d'une mort qu'il a donnée à tort ou à raison.*

Parmi ces coutumes, que le général raconte avec son merveilleux talent d'exposition, une surtout nous a paru aussi étrange que bizarre. La tribu est attaquée ou part pour une expédition ; un cavalier démonté prend une selle au hasard, la garnit à la hâte avec des accessoires d'emprunt, la met sur le dos du premier cheval qu'il rencontre au pâturage, enfourche cette monture improvisée, et rallie le *goum* au galop. Personne n'y peut trouver à redire. Mais ce n'est pas tout. Après la victoire, le cavalier, ainsi que les divers propriétaires de la selle et des accessoires, reçoivent chacun une part relative du butin. Seul, le maître du cheval n'a droit à rien. *L'animal n'a été que l'instrument de Dieu pour rendre service à un brave cavalier qui s'est exposé dans l'intérêt général.*

## GÉNÉRALITÉS DU DÉSERT.

Du Saharien nous ne connaissons encore que le cavalier, le chasseur et le guerrier. Voici venir maintenant l'homme des relations sociales et de la vie intime,
avec ses superstitions, ses préjugés, ses goûts et ses
habitudes familières.

« Dans les études qui m'ont occupé jusqu'à pré-
» sent, dit le général, une chose surtout m'a frappé :
» c'est l'analogie de la vie du désert avec celle du
» moyen âge ; c'est la ressemblance du noble Saharien
» avec le *preux* chevalier de nos romans et de nos lé-
» gendes. » L'un et l'autre, en effet, servant Dieu,
aiment avec passion la guerre, la chasse et la galanterie. La similitude, ou plutôt le parallélisme de ces
deux sociétés primitives, existe encore sur d'autres
points. Ainsi, l'habitant des *ksours*, humble, ignorant
et cupide, figure assez bien le *manant* de nos anciens
villages accroupis sous le donjon seigneurial. Le Maure
des villes, aussi rusé, aussi vaniteux, aussi timide dans
l'action, mais moins envieux et surtout moins turbu-
lent en paroles, n'est pas non plus sans quelque analogie avec le *bourgeois* fabricant ou marchand de nos
vieilles corporations. Enfin, comme dernier trait de
ressemblance, on y trouve encore les *meddah*, bardes
ou trouvères religieux, qui vont d'un douar ou d'une
tente à l'autre, chantant Dieu, le désert, l'amour et la
guerre sainte.

Le véritable type saharien chasseur et guerrier, est
un homme à la constitution sèche et nerveuse, aux
traits nobles, vivement accusés et brunis par le soleil,

à la taille haute, élancée, souple et forte, aux membres grêles en apparence, mais d'un modèle aussi gracieux que hardi, et surtout d'une rare vigueur. Hospitalier et joyeux convive, mais au besoin sobre et
endurci, sa vue est si perçante, qu'à deux lieues il distingue un homme d'une femme. Ardent et courageux
jusqu'à la témérité, il plaint, ne méprise pas, et n'insulte jamais celui à qui manque le foie, *kebdah : Ce
n'est pas sa faute, Dieu ne l'a pas voulu.*

Le noble Saharien qui vit en grand seigneur quitte
rarement la selle et ne va presque jamais à pied ; mais
l'homme du peuple est infatigable marcheur. Il porte
volontiers des messages d'une tribu à l'autre, et, pour
un modique salaire, parcourt, à une sorte de pas gym-
nastique appelé le *trot du chien*, de trente à quarante
lieues en une seule journée. Dans le désert, un cour-
rier extraordinaire marche nuit et jour et ne dort que
deux heures sur vingt-quatre ; pour se réveiller il
emploie un singulier expédient : avant de se coucher
sur l'herbe, sur le sable ou sous une tente hospita-
lière, il attache à son pied un bout de corde allumé.
Au moment où la corde achève de se consumer, la
douleur le réveille brusquement et lui ôte toute envie
de se rendormir.

Riche, l'Arabe est grand et généreux. Il prête rarement un de ses chevaux ; mais, après l'avoir ob-
tenu, ce serait lui faire injure que de le lui renvoyer.
Il aime à recevoir des présents, mais il se fait un point
d'honneur d'en offrir d'une valeur au moins égale.
Riche ou pauvre, il est toujours charitable et hospitalier. L'aumône est surtout à ses yeux un devoir sacré.

Après la guerre sainte et le pèlerinage, l'aumône n'est-elle pas, en effet, l'acte le plus agréable à Dieu ?

Un inconnu se présente devant un douar, s'arrête, et prononce à haute voix la formule d'usage : *Dif rebi* (hôte envoyé de Dieu). L'effet de ces paroles est magique ; tout le monde s'empresse et court au-devant de lui ; tandis que les serviteurs et les enfants s'emparent de son cheval, le chef de la famille le conduit lui-même sous sa tente, et lui offre des rafraîchissements en attendant le festin, *diffa*. L'étranger n'est jamais questionné, et il quitte presque toujours le douar hospitalier sans dire qui il est, d'où il vient, ni où il va. Tant qu'il demeure sous la tente, il est en sûreté, lors même qu'on reconnaîtrait en lui un ennemi mortel de la tribu ou de la famille. Quand, après une nuit de repos, il est remonté à cheval, et au premier pas qu'il fait pour s'éloigner, ses hôtes lui disent : *Suis ton bonheur*. Dès qu'il a cessé d'être en vue, la tente, le douar, la tribu ne sont plus responsables de rien.

Il y a entre cette incessante et généreuse hospitalité du désert et celle que l'étranger recevait autrefois dans nos châteaux, une incontestable analogie. On remarque, en effet, dans l'une comme dans l'autre, les mêmes charges aussi bien que les mêmes priviléges. Ainsi, dans le Sahara, les derviches n'ont pas d'autres ressources et ne vivent que d'aumônes. Auprès de ces religieux voués à la pauvreté, et qui rappellent si bien les moines mendiants du moyen âge, viennent se grouper, comme dans nos petites cours seigneuriales, les aventuriers, les trouvères, les magiciens et les sorciers de toute espèce. Il est juste de dire, cependant, que les nécromanciens n'y jouissent pas d'une faveur égale à celle dont les honoraient jadis nos rois et nos reines de France. Dédaignés des grands, et repoussés par les vrais *tholbas*, ils ne sont véritablement en crédit qu'auprès du menu peuple dont ils exploitent, par d'habiles jongleries, la crédulité et la profonde ignorance.

L'artisan et l'ouvrier, comme on a déjà pu le voir, résident dans les *ksours* ou dans les bourgades des oasis, et non sous la tente. Dans le Sahara, le travail manuel est inconnu à tout homme libre et nomade, excepté au maréchal ferrant. Mais le maréchal n'est pas un travailleur vulgaire : c'est à la fois un artiste et un fonctionnaire public investi de grands privilèges.

### OPINION D'ABD-EL-KADER.

La lettre écrite par Abd-el-Kader à M. le général Daumas est un document précieux acquis à la science, et ce serait faire preuve d'une grande hardiesse que de la soumettre à l'analyse. Dans ce traité sommaire, où les plus difficiles questions de l'art hippique sont nettement et victorieusement résolues, nous ne signalerons qu'un des jugements portés par l'émir. Il pense, et son opinion se fonde sur le témoignage d'historiens arabes de la plus haute antiquité, qu'en Afrique, le cheval barbe et le cheval arabe n'ont qu'une seule et même origine ; seulement, ils y sont venus à deux époques différentes : le cheval barbe, d'abord, avec une première invasion païenne, et ensuite le cheval arabe, avec la seconde invasion musulmane.

Nous sommes arrivés au terme de notre mission de critique, et le lecteur peut juger maintenant si elle a été fidèlement remplie. Peut-être nous accusera-t-il d'avoir dépassé sur quelque point les bornes d'une simple analyse ; mais il nous sera indulgent, s'il considère combien l'occasion était facile et l'attrait puissant. Quand on a vécu ses plus belles années de jeunesse sur cette terre et sous ce splendide soleil d'Afrique, on éprouve un plaisir et un charme infinis à se reporter par la pensée à ses premières illusions, et à raviver ses souvenirs, même ceux de souffrance et de gloire stérile.

Que le général daigne aussi nous pardonner de n'avoir pu obtenir et reporter sur cette humble esquisse qu'un reflet pâle et affaibli des magnificences de son beau livre. Si la première partie des *Chevaux du Sahara* est remarquable par une grande finesse d'observation et de savantes recherches unies à un rare talent d'exposition, on rencontre à chaque page, dans la seconde, des beautés descriptives du premier ordre. La *guerre entre les tribus du désert* se distingue surtout par une couleur antique et une richesse d'images qui lui donnent toute l'apparence d'un récit de la Bible ou de l'Iliade. Les premiers ouvrages du général avaient déjà fondé sa réputation de savant ; son livre des *Chevaux du Sahara* lui assure dès aujourd'hui une place au premier rang de nos écrivains et de nos poëtes.

www.ingramcontent.com/pod-product-compliance
Ingram Content Group UK Ltd.
Pitfield, Milton Keynes, MK11 3LW, UK
UKHW022113070726
13613UKWH00003B/1036